木质素纤维-水泥改良土
力学性能及微观结构研究

鹿庆蕊　蒋潇伊　著

北　京

冶金工业出版社

2024

内 容 提 要

本书通过基本物理性质实验、无侧限抗压强度试验、侧限压缩试验、直接剪切试验，研究了木质素纤维掺量、水泥掺量、养护龄期对木质素纤维-水泥改良土（由素土、木质素纤维、水泥和水经过充分混合搅拌制成）物理力学性质的影响，并基于改良试样的微观扫描试验结果，分析了各外掺材料对改良土强度特性、变形特性的影响机理。

本书可作为高等院校岩土工程或相关专业学生的课程辅助用书，也可供相关专业教师、科研人员、工程技术人员参考。

图书在版编目（CIP）数据

木质素纤维-水泥改良土力学性能及微观结构研究／鹿庆蕊，蒋潇伊著. -- 北京：冶金工业出版社，2024. 11. -- ISBN 978-7-5240-0029-7

Ⅰ. S156

中国国家版本馆 CIP 数据核字第 2024JR7177 号

木质素纤维-水泥改良土力学性能及微观结构研究

出版发行	冶金工业出版社	电　话	(010)64027926
地　　址	北京市东城区嵩祝院北巷 39 号	邮　编	100009
网　　址	www.mip1953.com	电子信箱	service@ mip1953.com

责任编辑　武灵瑶　迟锦航　美术编辑　吕欣童　版式设计　郑小利
责任校对　李欣雨　责任印制　禹　蕊
三河市双峰印刷装订有限公司印刷
2024 年 11 月第 1 版，2024 年 11 月第 1 次印刷
710mm×1000mm　1/16；8 印张；135 千字；117 页
定价 58.00 元

投稿电话　(010)64027932　投稿信箱　tougao@cnmip.com.cn
营销中心电话　(010)64044283
冶金工业出版社天猫旗舰店　yjgycbs.tmall.com
（本书如有印装质量问题，本社营销中心负责退换）

前　　言

随着国家基建技术的快速发展，以及人们对道路交通通行率要求的提高，城市地下交通系统发展速度日益加快，这极大地缓解了城市拥堵的现象，却也产生了大量的废弃土。我国自2000年以来，因翻新改造、新建建筑等产生的建筑垃圾总量快速增加，在这些建筑垃圾中，工程废弃土已经成为"主力军"。当前，如何合理处置这些废弃土是工程界亟待解决的问题。

本书参考工程项目经验，选择木质素纤维复合水泥对粉质黏土进行改良。一方面选择较低的水泥掺量，保证其对土壤不会有超标的污染；另一方面木质素纤维作为造纸工业副产品之一，属于工业废弃物，它的循环利用有助于提高废弃物资源利用率。本书共7章，主要内容包括：绪论、基本物理性质试验、改良土样的无侧限抗压强度试验、侧限压缩试验、直接剪切试验、微观扫描试验及结论与展望。本书可作为高等院校岩土工程（或相关专业）的研究生或本科生的课程辅助教材或创新创业竞赛的辅导教材，也可供相关专业教师、科研院所和工程部门的科研人员、工程技术人员参考。

本书由东华理工大学鹿庆蕊、蒋潇伊撰写，张敏思参与审阅。

本书内容涉及的研究工作得到了东华理工大学核资源与环境国家重点实验室、国家自然科学基金（52168044、42061011、41977236）、国家重点实验室项目开放基金（NRE1930）、江西省主要学科学术和技术带头人培养计划项目（20212BCJ23003）、江西省自然科学基金

（20223BBG71W01）、新疆兵团科技计划项目（2020AB003）的资助，在此一并表示感谢。本书的出版得到了东华理工大学土木与建筑工程学院"十四五"一流学科经费资助，特在此表示衷心的感谢！

　　由于作者水平所限，书中不妥之处，敬请读者批评指正。

作　者

2023 年 10 月 1 日

目　　录

1 绪 论

1.1 概 述

随着国家基建技术的快速发展，人们对道路交通通行率要求的提高，城市中出现了越来越多的地下交通系统，这一方面极大地缓解了城市拥堵的现象，但另一方面也产生了大量的废弃土。据国家统计局统计年鉴结果显示，我国地铁总里程在 2000 年约为 310 km，2010 年约为 1650 km，2020 年约为 6800 km，可见增长速度之快。其中 2020 年新增地铁里程 1122 km，按照 70% 地下通行、隧道直径 7 m，则 2020 年地铁隧道开挖土方量约 3000 万 m^3。同时，自 2000 年以来，我国因翻新改造、新建建筑等产生的建筑垃圾总量快速增加，仅在 2015 年全国建筑垃圾年产量约 17.01 亿吨，日均产量约 466.1 万吨，在这些建筑垃圾中，工程废弃土已经成为"主力军"[1-2]。目前各个城市处理废弃土的主要方法是堆放、填埋，土性较好的用于工程回填。而堆放和填埋会大大降低城市的美观度，同时还会导致土地浪费和污染，倘若堆放不合理还会引发相关事故。图 1.1 为上海"楼倒倒"事件工程废弃土导致的事故现场，主要原因是工程废弃土未按要求堆放，产生的力超过了建筑物的承受范围。对于在用地紧张的城市中，如何合理处置这些废弃土，一直是工程界亟待解决的问题。对于沿海沿江地区，隧道开挖的深度一般较深，绝大部分会处于粉质黏土层，因此开挖产生的土方量也是最大的。对于粉质黏土本身而言，不论是强度或是颗粒级配，均不适合直接用于工程建设回填。此类土如果要使用在路基、普通房屋建筑填土等方面，因强度等方面的不足则需要对其进行改良。

现阶段研究中，对于各类土自身的基本性质改良的方法主要分为物理法和化学法两种[3]。物理法主要是使用外力或新材料改变土自身性质，例如，夯实改变土的密实度，加入碎石、尾矿砂、粉煤灰和各类纤维改变土体各个基本物理参数，从而得到所需效果[4-5]。化学法主要是在土中加入水泥、石灰、固化剂和微

图 1.1　工程废弃土导致的事故现场

(图片来源于土木论坛)

生物，此类方法主要通过加入新材料，进而与土体或土中水发生化学反应从而达到改良效果[6-7]。上述方法一定程度上可以改良土体的物理力学性质，但所达到的效果均有所欠缺，如化学法因改良剂的高比例掺入，远远超过了土壤自身可净化的范围。

　　本书选择木质素纤维复合水泥对粉质黏土进行改良。一方面选择较低的水泥掺量，保证其对土壤不会有超标的污染；另一方面木质素纤维作为造纸工业副产品之一，属于工业废弃物。其自身主要组成成分碳纤维的密度约为 1800 kg/m^3，普通钢材密度约为 7800 kg/m^3，两者之间的比值约为 1∶4，但是在强度方面上普通碳纤维为 3500 MPa，普通钢材为 340 MPa，若两者达到同一强度，此时碳纤维与钢质量之比约为 1∶43。所以木质素纤维主要具备的优点是优良的柔韧性和分散性，混合后可形成三维网络结构，进而增强了体系的支撑性和耐久性，提高体系的稳定性、紧密性和均匀性[8]。现阶段木质素纤维广泛应用于沥青路面、混凝土、砂浆、石膏制品、木浆海绵等领域，主要作用为提高改良后材料的抗裂性、耐久性、延伸性、保温性、稳定性，提高强度和增强表面附着力[9-10]。

　　现阶段木质素纤维在土体改良上研究较少，结合木质素纤维对混凝土的影响及水泥改良土自身的物理学性质，将木质素纤维复合水泥掺入到土中，研究两者混合作用下对土体作用的机理。同时，因为有着木质素纤维的掺入，水泥的掺量可以大幅度降低，有效地减少了水泥在土壤中过量使用。

本书以杭州市某沿江隧道开挖的粉质黏土为改良对象,此土在含水率超过27%时,因自身自重将失去稳定性,从而表现为强度急剧降低。本书在不同木质素纤维及水泥掺量下,研究改良土的力学性能及微观结构。主要研究目的概括如下:

(1)初步探明木质素纤维在土体改良中的应用情况及其作用的相关机理,对后续的研究起指引作用;

(2)借助微观结构研究,探明木质素纤维复合水泥与土颗粒之间的作用关系;

(3)对于沿海沿江城市地下空间开发时产生的废弃土的回收利用起到积极作用;

(4)实现木质素纤维材料的废物利用,使其能够变废为宝,响应国家"保护生态环境,留住青山绿水"的号召。

1.2　国内外研究进展与分析

1.2.1　普通水泥改良土发展概况

水泥改良土是将水泥、素土和水按照设计好的配比混合搅拌、密实、养护而成一种具有较高强度的工程材料,主要应用于地基处理、边坡加固、路基处理和隧道衬砌加固等工程领域[11]。美国较早开展对水泥改良土的研究,主要应用于道路路基工程及各类民用工程中,由于水泥在加固中有着效果明显、施工简易、经济成本低等优点,使得该方法得以在世界各国内快速推广。相对而言,国内基建起步较晚,20世纪70年代起,国内开始陆续出现使用水泥加固土体的研究和工程手段,因施工简单、效果明显,在全国范围内得到快速推广[12-13]。经过近一个世纪的发展,结合大量试验研究及工程案例结果,可知影响水泥改良土取得的效果主要受三大因素影响[14-15]。

(1)土质特性方面:土的物理性质、土的天然含水率、有机质种类及含量、pH值、可溶盐等。

(2)水泥固化剂方面:水泥掺量、水灰比、水泥强度等级等。

(3)施工工艺方面:养护龄期、养护条件、外加剂、搅拌的均匀性等。

现阶段对水泥改良土的研究已经较为成熟,其作用的机理主要是水泥掺入后与土中水发生水化反应，得到水化产物，从而使得土体的强度得以提高[16-17]。武庆祥[18]等人对水泥改良土进行一系列试验，研究了水泥的最佳掺量，以及水泥对改良土压缩性能和土颗粒级配的影响。得到主要结论为：水泥的最佳掺量在4%~6%区间内，当掺入量大于6%后，相关性能增速变缓，效益变低；水泥对原状土的颗粒级配无明显的影响。闫爱军[19]开展了不同水泥掺量下，改良黄土的抗剪强度试验研究。研究结果表明，水泥掺量和养护龄期对改良土抗剪强度中黏聚力的影响呈正相关。颜胜才[20]对水泥改良土的物理力学性质展开了研究。研究结果表明：改良土的最优含水率和最大干密度不受水泥掺量的影响；水泥掺入后，可以显著提升改良土的水稳性及无侧限抗压强度，并提出当路基回填土采用水泥改良土时，建议水泥掺量不宜低于3%。

陈乐求[21]等人对水泥改良泥质板岩粗粒土开展了静动力特性试验，研究了水泥掺入对改良土刚度、强度的影响。研究结果表明，在水泥掺入后，试样的刚度显著提升，而黏滞性减弱；动应力强度的应变率效应及静力强度均有着明显提升。商拥辉[22]等人通过室内试验和数值模拟，开展了水泥改良膨胀土在重载铁路循环动载条件下的路基动力特性研究。研究结果表明，当水泥掺量为3%~5%时，改良土的临界动应力相比素土提高了5~6倍；改良后路基的基床表层和底层在不同列车荷载下，动应力水平均小于相应填料临界动应力，即水泥掺量在3%~5%区间内改良后的膨胀土充当填料满足要求。

王运周[23]等人对含盐量、含氯量较高的盐渍土使用水泥进行改良，并对改良土开展无侧限抗压强度、耐久性和扫描电子显微镜（SEM）试验。试验结果表明，随着水泥掺量的提高，改良土的强度也提高，较为经济的掺入比为15%；随着水泥掺量的提高，改良土耐卤水腐蚀性能增强；从微观结果看，改良土的颗粒被水泥水化生成物胶结一体而产生强度，但因其长期处于卤水环境下，盐离子渗入到土体内部产生结晶，从而有结晶应力的产生，使得胶结结构开始被破坏，最终使得改良土的强度降低，强度与时间呈负相关。

张齐齐[24]等人对水泥改良土进行定量研究，主要对不同结构参数与水泥配比的变化规律进行探明。研究结果表明，随着水泥配比的提高，等效直径较大的结构单元数量增多，小结构单元的则减少，并且孔隙与土颗粒的分形维数均减小；试样结构单元体在90°范围内具有明显的定向性。陈伟[25]等人对水泥改良膨胀土的力学性能和微观机理研究发现，在水泥掺入后，发生水化反应让土颗粒中强亲水性的颗粒被侵蚀，导致土体的微观结构发生改变，进而使得胀缩性和水敏性降低；从宏观角度看，即试样力学性能表现为抗压强度和抗剪强度提高。

Suksun Horpibulsuk[26]等人对高含水率的软土试样进行水泥固化，对强度等性能开展研究，发现水泥改良土形成的强度与水灰比相关，在其他变量一定时两者呈负相关。这一规律与混凝土中艾布拉姆斯定律一致，说明虽然水泥是应用于土壤中，但是在混凝土中的相关规律在改良土中也吻合。Rachid Zentar[27]等人对滨海地区的软土使用水泥改良，对改良后的试样从击实性能、抗压抗拉强度、耐久性方面进行研究。试验结果表明，在水泥掺入后，最优含水率和最大干密度均小幅度减小，而试样的强度显著提升。

纵观国内外研究现状，水泥在土体改良上有着显著的效果，改良后土体强度大幅度提高，耐久性、抗腐蚀性等均有着不同程度的改善。但改良后土体会出现一些新问题需要解决。例如，土体的脆性增加，破坏前无明显征兆；水泥的大比例掺入对于土体污染严重等问题。

1.2.2 纤维改良土发展概况

纤维改良土指的是将人工或天然纤维，按照一定配比掺入需要改良的土中，进而达到对土体物理力学性质的改变。追根溯源，利用纤维来改良土体的思想在古代便已经诞生，人们在建造房子时，会在土中加入稻草等韧性较好的植物根茎，从而使得墙体的强度和耐久性大大提高[28-29]。而在近代，法国最早开始在土中掺入纤维，从而提高土体强度，这里所指纤维已经不是普通的麦草、芦苇，而是直径和长度都是在毫米级别及以下的纤维材料，此类纤维与土体混合后，土体将会作为一种新材料。常用的纤维分为人工合成纤维和天然纤维两大类。纤维能够提高土体强度的主要原因是纤维在土体中均匀分布，其自身具有各向同性的结构特点，掺入后会与土颗粒之间产生摩阻力和咬合力，进而提高土的强度性能，以此达到工程需求[30-31]。

当前用于土中加筋的主流纤维有玄武岩纤维、聚丙烯纤维、玻璃纤维和聚酯纤维，以及从原本用于沥青路面和混凝土中，现在逐渐也用于土体中的木质素纤维。此类纤维具有强度高、耐久性质好、自身性质稳定等多种优良特性，因此掺入后可以提高土体的强度、耐久性、稳定性、抗裂性等。现阶段，随着国家号召对资源的重复利用及在建造中减少对环境的污染，天然纤维改良土的研究队伍也逐渐庞大起来，并取得了阶段性的成果，为后续进一步发展提供经验并奠定基础。

　　Cristelo[32]等人将砂质黏土试样利用聚丙烯纤维进行改良，并用单轴抗压强度值和动荷载下的强度值作为衡量标准。研究结果表明，纤维的掺入可以提高改良土的单轴抗压强度；在刚度方面，随着纤维掺量先增加后减小，特别在试样的应力-应变曲线的早期阶段，割线的压缩模量随着纤维掺量的增加而增加。高磊[33]等人在黏土中加入玄武岩纤维，并用剪切试验来衡量玄武岩纤维的最佳掺入比。试验结果表明，随着纤维掺量的不断增加，试样的黏聚力也不断地增大；而内摩擦角的大小在纤维掺量不超过0.25%时无明显变化，当掺量大于0.25%后，内摩擦角值陡增。

　　Botero[34]等人在粉土中掺入PET纤维，通过快剪试验得到改良土的应力-应变曲线。研究结果表明，PET纤维的掺入，使改良土抵抗变形的能力显著提升。GAO[35]等人为了研究玄武岩纤维增强改良土的作用机理，对玄武岩纤维改良土开展了无侧限抗压强度试验。研究结果表明，玄武岩纤维能够有效地提高改良土的强度，最佳掺量为0.25%，最佳长度为12 mm，并通过SEM分析了玄武岩纤维能够提高强度主要原因，即其和土颗粒之间形成了纤维-土柱网模式。庄心善[36]等人将玄武岩纤维加入膨胀土中，进行强度特性研究，结果表明，随着纤维掺量的增加，改良土试样破坏形式逐渐由脆性破坏向塑性破坏过渡；纤维的掺量可以有效地降低膨胀土的膨胀力，其最佳掺量为0.3%。

　　李丽华[37-38]等人在水泥土中掺入玻璃纤维，通过无侧限抗压强度试验研究，结果表明，玻璃纤维的掺入可以有效提高水泥土的韧性；随着玻璃纤维掺量的增加，水泥土无侧限抗压强度值先增大后减小，最佳掺量为0.6%。Estabragh[39]等人通过试验探明了纤维掺量对水泥土性能的影响，结果表明，纤维的掺入可以有效地提高水泥土的无侧限抗压强度，并能降低水泥土的脆性，使其破坏更具塑性效果。周超云[40]等人通过复合作用将玻璃纤维与其他材料一起，改良砂质黏性紫色土剪切性能，剪切试验研究表明，纤维掺入后，黏聚力呈现陡增，内摩擦角则缓慢增加，当纤维掺量为0.8%时，黏聚力值最大。姜恒超[41]等人通过向水泥土中掺入玻璃纤维，研究其对水泥土劈裂抗拉强度的影响。研究结果表明，随着玻璃纤维掺量和纤维长度的增加，水泥的劈裂抗拉强度先增加后减小，最佳掺量为2‰，最佳长度为6 mm。

　　上述介绍了人工合成纤维在改良土中的应用，研究内容十分充分及完备。通过以上的研究内容可知，人工合成纤维的改良效果较为可观，但是也存在着缺点：因其主要由石油、煤等经过较为复杂的工艺制成，相对而言成本不低，并且因为自身材料属性，对于土壤环境存在污染问题。

戴文亭[42]等人向长春地区的粗粒土中掺入剑麻纤维，对无侧限抗压强度、间接抗拉强度和水稳性进行了探讨。研究结果表明，剑麻纤维改良土在早期强度较高，并且在拉弯性能和水稳性能上均有显著提高。Butt[43]等人向素土中掺入不同配比的人发纤维，并通过 CBR 试验和三轴试验作为衡量强度的指标。试验结果显示，与未掺入纤维的素土相比，改良后的土体在强度上有较为明显的提高，同时在抗裂性能上有着提升。Babu[44]等人将椰壳纤维掺入砂土中，通过三轴试验、数值模拟和微观结构三个不同方向进行分析。得到的结果显示：椰壳纤维的掺入，增强了砂土的黏聚力和内摩擦角。另有文献[45-46]研究表明，利用剑麻纤维改良时，影响改良后强度等各种性能的主要因素是纤维的掺量和长度，一般来说纤维材料掺量在 0.4% ~0.8% 且长度为 1 cm 时较为合适。

Kanth[47]等人为了降低膨胀土的膨胀性并提高素土的强度，将黄麻纤维掺入其中。通过测试改良土的基本物理参数、无侧限抗压强度和三轴强度得到如下结论：在纤维掺入后，可以有效地降低膨胀土的膨胀性并且在纤维掺量为 0.75% 时为最佳掺量。钱叶琳[48]等人通过将黄麻纤维掺入到弱膨胀土中，改变纤维掺量和长度，并用直剪试验和无侧限抗压强度试验作为衡量指标。研究结果表明，弱膨胀土经过黄麻纤维改良后，抗剪和抗压强度显著提高，并且因为纤维的掺入，试样破坏产生裂缝的长度和宽度减小，表现为韧性加强。

上述介绍了天然纤维在改良土中的应用，相对人工合成纤维，天然纤维的研究处在初期阶段。但通过现有的研究成果，也可以直观地看到天然纤维在土体中发挥的作用与人工合成纤维较为相似，而天然纤维有着储存量大、合成简单、成本低及对环境无污染等天然优势，因而可以进一步地研究推广[49-50]。

1.2.3 改良土微观结构发展概况

随着科技快速革新，对于土体的研究也不再局限于宏观结构上的物理力学性质研究。现阶段土体的微观结构机理研究也成为土体性质分析的主要方法之一[51-52]。在微观结构层面上，可以直观反映出土体颗粒的分布方式、孔隙的大小和破坏形态、胶结状态等微观结构[53-54]。通过微观结构的分析与物理力学结果相结合，进一步验证土体内在机理。目前用于土体微观结构研究方法主要有：扫描电子显微镜、核磁共振、CT 扫描等多种微观检测技术[55-56]。

Jha A K[57-58]等人通过粉煤灰复合石灰改良膨胀土，发现改良后土体强度显著提高，在 SEM 和 XRD 观测下发现胶凝产物和钙矾石的形成是提高土体强度和体积变化的主要原因。Ma[59]等人在黏土中掺入玄武岩纤维，通过 SEM 观测看到纤维与土颗粒之间较好的胶结，在宏观上体现为土体强度得以提高。常锦[60]等人在不同酸性条件下使用膨胀土进行膨胀力、膨胀率和线缩性试验，并对土体进行 SEM 分析获取微观图像，通过 IPP 软件对图像定量分析，最后得到结论：随着 pH 值降低，土体膨胀性变高。

蒋明镜[61]等人对南海地区软土开展常规三轴试验，探明土体的压缩和剪切性能，并借助 SEM 分析土体的微观结构。研究结果表明，土体微观结构上表现为骨架松散、颗粒定向度低、呈现为开放式絮凝结构。周琳[62]等人将聚丙烯纤维掺入石灰土中，研究其对试验的脆性、水稳性、强度等性能的影响，通过微观 SEM 分析纤维作用的微观机理。研究结果表明，聚丙烯纤维可显著提高石灰土的抗压、抗拉强度和水稳性，并使脆性降低，最佳掺量为 1%；在微观图像下发现纤维表面附着大量硅酸钙，使得纤维与土颗粒间的胶结程度提高，宏观上体现为强度提升。张涛[63-64]等人研究了不同木质素掺量下，粉土的无侧限抗压强度、微观结构等变化规律。试验结果表明，改良后粉土的强度随着木质素掺量的增加先增加后减小，最佳掺量为 12%；在微观结构上改良土变得更加紧密、稳定，新生的胶结物质将土颗粒进行连接。

综上所述，土体微观分析主要通过使用配套软件，对试样的颗粒和孔隙进行定性和定量分析[65-66]，进而得到土体改良前后颗粒和孔隙的变化规律，再将分析得到的结果结合物理力学性质做进一步阐述[67-68]。通过将土体微观和宏观相结合进一步推进改良土的研究，为实际工程应用奠定理论基础[69-70]。

1.2.4　木质素纤维改良土发展概况

木质素纤维因其具有较好的韧性和稳定性等自身材料属性，在沥青路面和混凝土当中被广泛使用[71-72]，它可以增强沥青路面和混凝土的抗裂性、耐久性、韧性和稳定性等[73-74]。近年来，越来越多的天然纤维逐渐应用于土体改良中，木质素纤维也是其中之一[75-76]。

樊科伟[75]等人将木质素纤维掺入季节性冻区膨胀土中，根据不同木质素纤维掺量和冻融循环次数进行三轴试验，并结合微观结构进行分析。研究结果表明，随着纤维掺量的增加，土体的黏聚力增加，主要原因是木质素纤维与周围土颗粒会形成"桥联"结构或空间网络结构；木质素纤维能提高土体抗冻融能力，原因是纤维与土颗粒之间进行胶结、包裹，增加了摩擦力使得土颗粒之间不易发生错位与重组，延缓细小裂隙的形成与发展，减小裂隙宽度和数量。

林罗斌[77]等人通过木质素纤维复合粉煤灰对土体进行改良，用三轴试验当作衡量指标。研究结果表明，在冻融循环条件下，随着木质素纤维掺量的增加，试样强度增加，最优掺量为1%。董吉[78-79]等人将不同配比的木质素纤维按照不同掺入方式加入贵阳红黏土中，研究了改良后土体的物理力学性质。研究结果显示，从工程角度而言，木质素纤维掺量对红黏土的物理性质影响不明显；纤维掺量对黏聚力、压缩模量影响呈二次函数关系，对内摩擦角无明显影响，最佳掺量为2%；分层掺入木质素纤维时，分为一层时改良土的黏聚力最大。

综上所述，木质素纤维在土体改良中可以发挥其自身的优良性质。一方面，通过与土颗粒的胶结作用，使得改良后土体强度提高；另一方面，因其自身具有较好的韧性、稳定性和抗裂性等，改良后土体也会具有上述性质。通过上述的研究，可以进一步利用木质素纤维复合水泥对土体进行改良，进而研究改良后土体物理力学性能和微观结构的变化规律。

1.3　本书主要研究内容

随着国家基建技术和规模的快速发展，产生了大量的废弃土。本书旨在通过研究废弃土改良研究背景和现状，结合木质素纤维对混凝土的影响及水泥改良土，将木质素纤维复合水泥掺入到土中，研究两者混合作用下对土体的作用机理。

（1）第2章主要介绍了土样来源及对原状土的试验前期预处理工作，并依据试验规范进行了一系列室内土工试验，获取了基本物理性质参数，并在此基础上对素土掺入木质素纤维和水泥，探讨了两者的掺入对于土样的渗透性和导热性存在着何种影响。

（2）第3章通过无侧限抗压强度试验，分析了木质素纤维与水泥掺量，对粉质黏土改良后制备成的试样在无侧限压缩时，变形特性及强度特性的影响，明确了各变形及无侧限抗压强度随木质素纤维及水泥掺量的变化规律。

（3）第4章通过侧限条件下进行压缩试验研究，分析了不同掺量木质素纤维和水泥的试样在养护30 d情况下的变形情况、孔隙比 e-时间曲线、变形量-时间曲线、法向应力-应变曲线、e-p 曲线、e-lg$p$ 曲线。探明了各个压缩指标与木质素纤维及水泥掺量的关系。

（4）第 5 章通过直接剪切试验中的快剪试验，对改良土试样的抗剪强度性能进行了研究，主要分析了木质素纤维掺量、水泥掺量及养护龄期对试样的抗剪强度曲线、黏聚力及内摩擦角的影响规律及影响机理。

（5）第 6 章主要对不同木质素纤维及水泥掺量下的试样在压缩后进行 SEM 观测，进而从定性和定量两个角度，分析试样微观结构因各材料掺量不同引起的差异和结构参数的变化。

2 基本物理性质试验

2.1 试验材料

2.1.1 粉质黏土

本书试验所用粉质黏土取自浙江省杭州市某沿江隧道，呈灰色，软塑。土面较光滑，稍具光泽，干强度偏小，韧性中等，部分含有粉土、粉砂。将其风干后用橡胶棒碾碎并过 0.5 mm 筛备用。现场原状土如图 2.1 所示。

图 2.1　现场原状土

2.1.2 水泥

改良土外掺水泥为 32.5 普通硅酸盐水泥，具体参数见表 2.1。

2.1.3 木质素纤维

木质素纤维优点有：

（1）亲水性较差，pH 值约为 7.0 ± 1，具有较高的耐久性；

表 2.1　试验水泥的基本参数

项　目		国家标准	实际测定
密度			1.3 g/cm³
比重 G_S			3.0
标准稠度/%		—	25.6
凝结时间	初凝	≥45 min	160 min
	终凝	≤10 h	4 h
安定性		合格	合格
烧失量 LOSS/%		≤5.0	1.30

（2）木质素纤维相比土体、水泥比重小很多，但接触面积大、韧性较高，在混凝土中提高抗裂性能和保温性能具有明显效果；

（3）木质素纤维作为天然纤维较之人工纤维更容易降解，但其也只有在特定的温度和湿度下，并由特定的物质发挥作用才会降解；

（4）木质素纤维在自然界的蕴藏量巨大，每年新增量可达几百亿吨。

图 2.2 所示为木质素纤维，表 2.2 列出本书所用木质素纤维的基本物理性质参数。

图 2.2　木质素纤维

表 2.2　本书所用木质素纤维物理性质参数

纤 维 参 数	值
纤维长度/mm	6 ~ 8
纤维密度/g·cm^{-3}	0.8
灰分含量/%	18 ± 5
pH 值	7.5 ± 1
含水率/%	< 5
耐热能力/℃	230

2.2　基本物理性质试验方法和结果

2.2.1　密度试验

采用环刀法进行天然密度的测定。将环刀内部均匀涂抹凡士林，在取土现场将环刀刀刃口竖直向下按压取出土样，再通过切土刀将环刀上下表面进行整平，称量土加环刀的质量。试验结果见表2.3。

表 2.3　密度试验结果

环刀号	环刀加湿土质量/g	环刀质量/g	湿土质量/g	环刀体积/cm³	天然密度/g·cm^{-3} 单次值	平均值
1	144.03	43.23	100.80	60.00	1.68	1.66
2	141.75	43.35	98.40	60.00	1.64	

因此，所取粉质黏土的天然密度为 1.66 g/cm³。

2.2.2　天然含水率试验

天然含水率的测试按照图2.3进行。试验数据结果见表2.4。

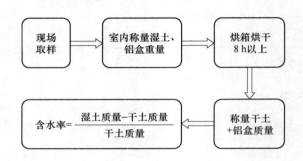

图 2.3　含水率试验流程图

表 2.4　天然含水率试验结果

盒号	盒质量/g	盒加湿土质量/g	盒加干土质量/g	水质量/g	干土质量/g	含水率/%	
						单次值	平均值
1	14.23	31.48	28.15	3.33	13.92	23.91	24.02
2	15.36	33.31	29.82	3.49	14.46	24.12	

因此，所取粉质黏土的天然含水率为 24.02%。

2.2.3　比重试验

粉质黏土的比重测定用比重瓶法，取干土 15 g，放于 100 mL 短颈比重瓶内，使用纯水测定土粒比重，试验数据见表 2.5。

表 2.5　土粒比重试验结果

瓶号	液体比重	比重瓶质量/g	瓶+干土质量/g	干土质量/g	瓶+液体质量/g	瓶+液体+干土质量/g	土粒比重	
							单次值	平均值
1	0.992	40.12	55.12	15	111.52	120.95	2.692	2.69
2	0.993	40.24	55.24	15	113.41	122.82	2.685	

由表 2.5 可知，粉质黏土的比重为 2.69。

2.2.4 液塑限试验

土体的液塑限测定使用液塑限联合测定仪，如图2.4所示。

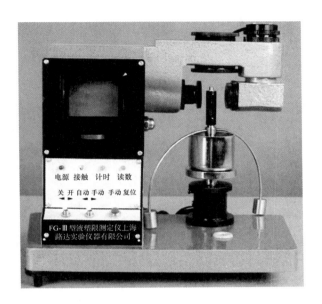

图 2.4 液塑限联合测定仪

2.2.4.1 试验方法

液塑限测定试验流程如图2.5所示。

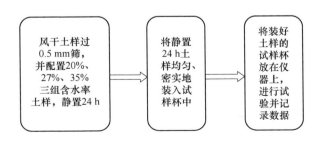

风干土样过 0.5 mm筛，并配置20%、27%、35% 三组含水率 土样，静置24 h → 将静置 24 h土 样均匀、密实地 装入试 样杯中 → 将装好 土样的 试样杯 放在仪 器上，进行试 验并记 录数据

图 2.5 液塑限测定试验流程图

2.2.4.2　试验结果

根据所得试验数据，绘出锥入深度 h 与土样含水率 ω 的 $h-\omega$ 图，并进行线性拟合，如图 2.6 所示。经计算，本试验用土的液限 $\omega_L =34\%$，塑限 $\omega_P =20.1\%$。

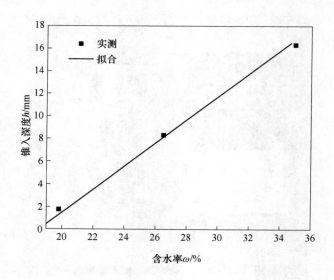

图 2.6　含水率与锥入深度的拟合曲线

粉质黏土的塑性指数 I_P 和液性指数 I_L 按下列公式计算：

$$I_P = \omega_L - \omega_P \tag{2.1}$$

$$I_L = \frac{\omega - \omega_P}{\omega_L - \omega_P} \tag{2.2}$$

塑性指数是表征细粒土物理性能的一个重要特征，它反映了土的矿物成分和颗粒大小的影响。液性指数是判断土的软硬状态的指数，用于确定黏性土的状态和极限承载能力。

由式（2.1）和式（2.2）可得，本试验用土塑性指数为 13.9，液性指数为 0.28。按照《土的工程分类标准》（GB/T 50145—2007）[80]，属于低液限黏土。

2.2.5　含水率与干密度试验

土体的含水率与干密度关系采用击实试验进行测定。试验仪器为标准轻型击实仪，如图 2.7 所示。

图 2.7 标准电动击实仪

2.2.5.1 击实试验方法

按照干法制备，步骤如下：

（1）用四点分法取代表性风干试样约 24 kg，按要求碾碎过 5 mm 筛。

（2）测试第一步取得的试验备用土含水率，进一步按照试验方案设计所需试样的含水率，按式（2.3）计算还需加水的质量。根据配比将水和风干土样倒入搅拌桶搅拌。当在温度较高环境下试验时，应当快速地搅拌完成，主要原因是防止因时间太长配置土样的含水率降低，从而对试验结果产生误差。再根据土的塑限，制备含水率分别为 18%、19%、19.5%、20%、20.5%、21%、21.5%、22% 的土样，每种含水率制备 3 kg，装入塑料袋静置 24 h 备用[81]。

$$\Delta m_{\mathrm{w}} = \frac{m_0}{1 + 0.01\omega_0} \times 0.01(\omega_1 - \omega_0) \tag{2.3}$$

式中　Δm_{w}——需加水的质量，g；

　　　m_0——初始土样质量，g；

　　　ω_0——初始含水率，%；

　　　ω_1——制备含水率，%。

（3）对击实筒进行处理，再将其与击实仪组装好。将静置 24 h 的土样分 3 次装入击实筒内，并且击实过程中，需在两层交接面处对土面进行刨毛处理。

（4）称量击实得到的试样，计算试样的湿密度 ρ（g/cm³）。再手动脱模，并在试样内部取两块土样进行含水率 ω（%）的测定，通过式（2.4）计算干密度 ρ_d（g/cm³）。

$$\rho_d = \frac{\rho}{1 + 0.01\omega} \tag{2.4}$$

2.2.5.2　击实试验结果

将所测试验含水率与对应计算所得干密度绘制成图，如图2.8所示。由图 2.8 可知，干密度的值随着含水率增加先变大后变小，最大干密度为 1.65 g/cm³，此时含水率为最优含水率，其值为 20.8%。

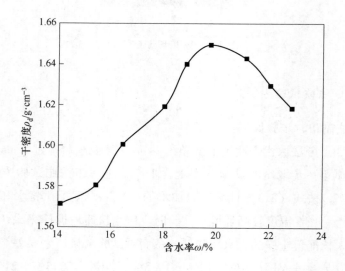

图 2.8　粉质黏土含水率与干密度关系曲线

2.2.6　颗粒分析试验

由于土颗粒在粒径上存在着大小不一的情况，因而土体的物理性质将因粒径组成不同而改变。按照一般土工试验粒径级配方法有密度计法和筛分法，随着仪器的快速发展，有关研究人员测试发现激光粒度仪具有准确、高效、重复性好的特点，也适用于粒度分析。谭晓慧[82]等人通过对比激光粒度仪和传统密度计法的测试黏土结果，发现激光法的测量范围更广、准确度更高。

本试验使用的激光粒度分布仪如图 2.9 所示，其性能参数见表 2.6。

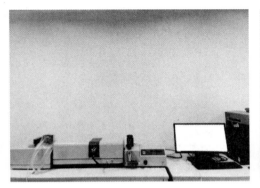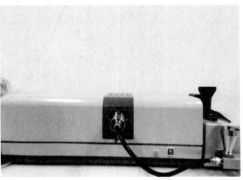

图 2.9 激光粒度分布仪

表 2.6 BT-9300LD 激光粒度分布仪参数

测试范围	重复误差	样品用量	分散介质	分散剂	光 源	测试时间
0.1 ~ 1036 μm	≤1%	0.35 g/次	水	磷酸钠	进口半导体激光器	2 min

2.2.6.1 试验步骤

颗粒分析试验的试验步骤如下：

（1）将风干碾碎后的粉质黏土过筛烘干；

（2）打开电脑与激光粒度分析仪，运行程序；

（3）仪器吸水、除气泡后，用小匙添加适量分散剂磷酸钠与少量样品；

（4）记录试验数据，分析试验结果。

2.2.6.2 粉质黏土的粒度分布

粉质黏土的粒度分布如图 2.10 和表 2.7 所示。可以发现，该粉质黏土中主要为黏粒，其次是粉粒。其中粉质黏土的体积平均粒径为 33.06 μm，比表面积为 1966 cm^2/g，不均匀系数 C_u =5.32（>5），曲率系数 C_c =0.86（<1），根据土的分类，该粉质黏土为级配不良的土[83]。

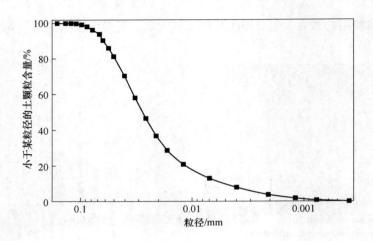

图 2. 10　土的颗粒级配曲线

表 2. 7　土的颗粒级配

粒径范围/mm			特征粒径/μm				C_u	C_c
0. 075 ~ 2	0. 005 ~ 0. 075	< 0. 005	d_{10}	d_{30}	d_{60}	d_{90}		
6. 4%	83. 97%	9. 63%	7. 472	16. 01	39. 75	65. 75	5. 32	0. 86

2.3　渗透系数试验

2.3.1　试样制备和试验步骤

土体的渗透系数对土体本身的性质和性能都存在着一定程度的影响。而对于本书研究的粉质黏土的改良，将分析改良剂对于土体渗透性的影响。由于本试验研究土体主要由黏粒和粉粒组成，因此试验使用仪器如图 2.11 所示，该渗透仪为变水头渗透仪，试验按照《土工试验方法标准》（GB/T 50123—2019）进行[84-85]。

试样制备和试验步骤如下所示：

（1）土样制作：根据木质素纤维和水泥掺入量制作土样（木质素纤维掺量为 0、2%、4%、6%、8%，水泥掺量为 0、2%、4%），素土为干土，含水率为

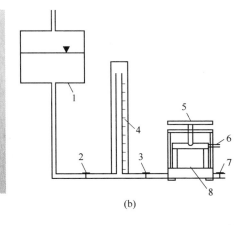

(a) (b)

图 2.11 变水头渗透仪 (a) 及其结构示意图 (b)

1—供水箱；2—进水夹 1；3—进水夹 2；4—变水头管；5—螺杆；6—出水口；7—排气口；8—渗透容器

天然含水率 24% 。具体试验方案见表 2.8。

表 2.8 渗透系数试验方案

含水率/%	木质素纤维掺量	水泥掺量	养护龄期
24	M0	S0	D30
		S2	
		S4	
	M2	S0	
		S2	
		S4	
	M4	S0	
		S2	
		S4	
	M6	S0	
		S2	
		S4	

含水率/%	木质素纤维掺量	水泥掺量	养护龄期
24	M8	S0	D30
		S2	
		S4	

注：表 2.8 中 M 代表木质素纤维，S 代表水泥，D 代表养护龄期，因此 M0S2D30 则代表试样的木质素纤维掺量为 0、水泥掺量为 2%，并经过 30 d 养护时间后进行试验，该表述在全书中通用。

（2）试样制作：将配置好的土样通过制样器进行制作。其中环刀内侧涂抹凡士林，试样上下面用刮土刀刮平，最后贴上标签并用保鲜膜密封进行标准养护30 d。

（3）试样饱和：由于部分试样渗透系数较低，根据试验标准建议，在养护完成后将掺入水泥的试样放入饱和器中，利用真空泵进行饱和抽真空，饱和抽真空时间设定为 36 h。

（4）试验准备：试样完成饱和后取出试样，在试样上下加垫透水纸，将装有试样的环刀装入渗透仪，加上透水石，最后拧紧所有螺丝保证渗透仪的密闭性，如图 2.11 所示。

（5）试验步骤：如图 2.11（b）所示，首先打开进水夹 1 和进水夹 2，待出水口出水稳定且没有气泡后关闭进水夹 2，当测压管内水头达到 100 cm 时，关闭进水夹 1；最后打开进水夹 2 正式开始渗透试验；当出水口出现水滴后开始记录室温、水头高度与时间数据。

变水头渗透试验计算公式见式（2.5）：

$$k_T = 2.3 \frac{aL}{A(t_2 - t_1)} \lg \frac{H_1}{H_2} \tag{2.5}$$

式中　　k_T——渗透系数，cm/s；

　　　　a——变水头管的断面积，mm^2；

　　　　L——试样的高度，cm；

　　　　A——土样的过水断面积，mm^2；

　　　　H_1——t_1 时刻对应的水头高度，mm；

　　　　H_2——t_2 时刻对应的水头高度，mm。

经实测，本试验所用变水头管内直径为 0.9 cm，所用环刀高度 4 cm，过水面积 30 cm²。所以，原式可简化为：

$$k_T = 0.195092 \cdot \frac{\lg \dfrac{H_1}{H_2}}{t_2 - t_1} \qquad (2.6)$$

不同温度条件下试样渗透系数换算为标准温度下的渗透系数使用式（2.7）：

$$k_{20} = k_T \frac{\eta_T}{\eta_{20}} \qquad (2.7)$$

式中　η_T——不同温度时水的黏滞系数；

　　　η_{20}——温度为 20 ℃时的黏滞系数；

　　　k_{20}——温度为 20 ℃时的渗透系数。

2.3.2　试验结果分析

根据 GB/T 50123—2019 的规定，一个试样多次测定时，在测定结果中取 3~4 个在允许误差范围内的数据，对其求平均值作为其渗透系数。数据结果见表 2.9。

表 2.9　渗透试验结果

试样编号	渗透系数/cm·s⁻¹
M0S0D30	4.300×10^{-6}
M2S0D30	5.046×10^{-6}
M4S0D30	5.408×10^{-6}
M6S0D30	5.534×10^{-6}
M8S0D30	5.775×10^{-6}
M0S2D30	2.798×10^{-6}
M2S2D30	3.489×10^{-6}
M4S2D30	3.790×10^{-6}
M6S2D30	3.966×10^{-6}
M8S2D30	4.086×10^{-6}
M0S4D30	2.386×10^{-6}
M2S4D30	2.842×10^{-6}
M4S4D30	2.990×10^{-6}

试样编号	渗透系数/cm · s^{-1}
M6S4D30	2.995×10^{-6}
M8S4D30	3.138×10^{-6}

如图 2.12 所示，渗透系数与木质纤维素掺量呈正相关，从图中可明显看出当掺量从 0 到 2% 这一过程中，渗透系数增加较为显著，后面随着木质素纤维等差增加，渗透系数也呈现一定规律线性增加，渗透系数 k 值由素土的 4.300×10^{-6} cm/s 最大增加至 5.775×10^{-6} cm/s，渗透特性提高了 35%。主要原因是木质素纤维的长度相对土颗粒来说是较大的，因此在胶结过程中一定程度上会增加试样的孔隙数量和大小。同时，渗透系数与水泥掺量呈负相关，从图 2.13 中可以看出，相对于水泥掺量从 2% 到 4%，水泥掺量从 0 到 2% 这一过程中，渗透系数减小显著，整体趋势 k 值随水泥掺量的增加而减小，最小为 2.386×10^{-6} cm/s，渗透性显著降低。主要原因是水泥与土中水发生水化反应，同时使土中的部分孔隙形成封闭空间，进而大大地降低了透水性。这一结果与水泥在其他实际工程应用相吻合。通过掺入少量的水泥，整个试样将形成木质素纤维、水泥和土颗粒三种物质胶结，将木质素纤维与土颗粒之间的胶结关系进一步增强。

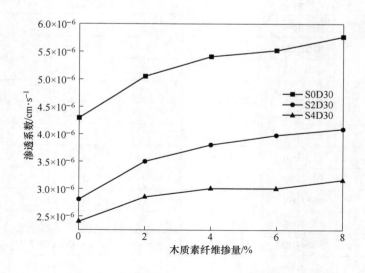

图 2.12　木质素纤维掺量-渗透系数关系图

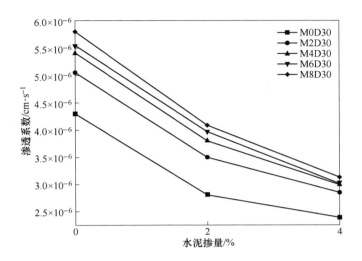

图 2.13　水泥掺量-渗透系数关系图

2.4　导热系数试验

2.4.1　试样制备和试验步骤

土体传导热的能力即为土的导热系数，其单位为 $W/(m \cdot K)$，此处为 K 可用℃代替。

影响土的导热系数的原因有含水率、土的组成成分和粒径大小、温度、液塑限等。同时，因为木质素纤维在混凝土中掺入后，混凝土的导热系数会下降，因此本小节主要探讨的是，不同木质素纤维和水泥掺量在 30 d 的养护龄期条件下导热系数的变化情况，探明两种改良材料对于土导热性能的改变情况。木质素纤维掺量为 0、2%、4%、6%、8%，水泥掺量为 0、2%、4%，在常温条件下进行测定。具体试验方案同渗透系数试验。

2.4.2　试验结果分析

图 2.14 为木质素纤维掺量与导热系数的曲线关系图，由图可知，随着木质素纤维掺量的增加，导热系数呈负相关，从图中明显地看出当掺量从 0 到 2% 这

一过程,导热系数减小较为明显,后面随着木质素纤维等差增加,导热系数也呈现一定规律线性减小,导热系数 λ 由素土的 0.51 W/(m·K)减小至 0.3 W/(m·K),导热性降低了 41%。发生该现象主要是因为木质素纤维自身会吸收土中水分并且自身是导热系数较小的材料。如图 2.15 所示,导热系数与水泥掺量呈二次函

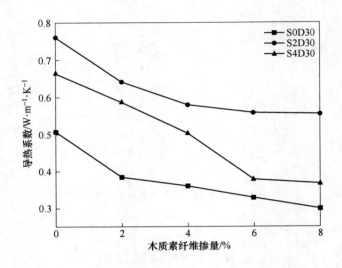

图 2.14 木质素纤维掺量-导热系数关系图

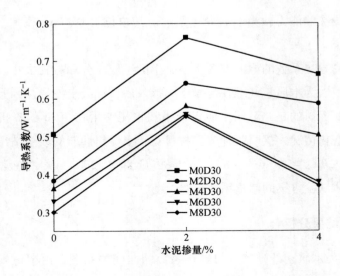

图 2.15 水泥掺量-导热系数关系图

数关系，从图中可以看出，水泥掺量从 0 到 2% 时，导热系数显著增大，当水泥掺量从 2% 到 4% 时，导热系数开始减小，主要原因是水泥掺量 2% 时 λ 最大，为 0.76 W/(m·K)，导热性提高了 49%。水泥水化产物的产生量比水泥水化反应消耗的水更多。

  本章主要介绍了土样来源及对原状土的试验前期预处理工作，并依据试验规范进行了一系列室内土工试验，获取了基本物理性质参数，并在此基础上针对素土掺入木质素纤维和水泥，探讨了两者的掺入对于土样的渗透性和导热性的影响。

3 木质素纤维-水泥改良土无侧限抗压强度试验

土体抗压强度的测定一般多为三轴试验，而本章所进行的无侧限抗压强度（UCS）试验为三轴试验的特殊情况，为无侧向约束的三轴试验，即 $\sigma_2 = \sigma_3 = 0$。通过无侧限抗压强度试验可以分析土体在抵抗轴向压力的极限强度能力，对改良土在实际应用中强度和变形问题的分析具有重要意义。木质素纤维-水泥改良土，是通过木质素纤维的物理胶结和水泥的化学固化作用，进而与素土进行混合制备而成的一种土。因而木质素纤维和水泥自身的物理力学性质及掺入量，对最后形成的改良土强度性能和变形特性均有重要影响[86]。

本章通过无侧限抗压强度试验，分析了木质素纤维与水泥的掺量对粉质黏土改良后制备成的试样在无侧限压缩时变形特性及强度特性的影响，明确了各变形及无侧限抗压强度随木质素纤维及水泥掺量的变化规律。

3.1 试验设计与步骤

3.1.1 试验材料

试验所用材料有：

（1）粉质黏土：取自浙江省杭州市某沿江隧道，天然含水率为24%；

（2）木质素纤维：河北雅斯顿建材厂；

（3）水泥：32.5普通硅酸盐水泥；

（4）水：实验室的自来水。

3.1.2 试验方案

为了探讨木质素纤维及水泥掺量的改变对改良土的无侧限抗压强度的影响，在天然含水率24%的情况下，分别设置木质素纤维5个变量（0、2%、4%、

6%、8%），水泥3个变量（0、2%、4%），同时试样分别在养护龄期1 d、7 d、14 d 和 30 d 下进行无侧限抗压强度试验，试验方案采用全因子。其中每个试样素土总质量为 180 g，改良材料按照素土总质量乘以对应的配比来称取质量，水的质量按照素土总质量乘以含水率称取。

3.1.3 试验步骤

本试验方法均按《土工试验方法标准》（GB/T 50123—2019）执行。其试样制备具体分述如下：

（1）称取原材料：按照试验方案设计的配比称取相应质量的木质素纤维、水泥、素土和水。

（2）混合搅拌干材料：将木质素纤维、水泥、素土放置于搅拌锅中，用调土刀手动搅拌1 min 左右，使之混合均匀。这一步骤不建议使用电动搅拌机搅拌，因为还未加入水，使用电动搅拌机将会产生很大的扬尘。

（3）加水搅拌：将称取好的水倒入搅拌均匀的干材料中，把搅拌锅安装在搅拌机上，用搅拌机搅拌 3～5 min，使所有材料和水均匀混合。

（4）试样制备：使用三轴制样击实器进行制样，如图 3.1 所示，该制样器内径为 39.1 mm、高为 80 mm。首先在三瓣膜内壁上涂抹凡士林，再将三轴制样器组装完成。制样分 3 层进行击实，每一层交接面进行刨毛处理，使得层与层之间

图 3.1　三轴制样击实器

能够更好地接触，击实完成后使用刮土刀对试样上下面进行刮平，再将三瓣膜脱下把试样放入保鲜袋中贴好标签，最后置于标准恒温恒湿养护箱内进行指定的龄期养护，如图3.2所示，温度为20 ℃ ±2 ℃，养护湿度不小于90%。

图3.2　标准养护箱及土样

（5）试样无侧限压缩：当试样到达指定养护龄期后，使用 YYW-2 型应变式无侧限压缩仪进行试验，如图3.3所示。具体操作步骤如下：

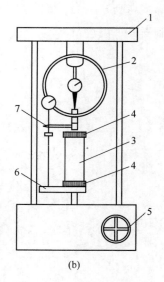

(a) 　　　　　　　　　　　(b)

图3.3　应变式无侧限压缩仪（a）及结构示意图（b）

1—轴向加压架；2—轴向测力计；3—试样；4—传压板；

5—手轮或电轮；6—升降板；7—轴向位移计

1）将试样两端抹一薄层凡士林，试验所处环境湿度不会过低，因此试样侧面不需要涂抹凡士林。

2）将试样放在传压板的下加压板上，升高传压板的下加压板，使试样与上加压板刚好接触。将轴向位移计、轴向测力计读数均调至零位。

3）打开仪器开关，开始试验。当轴向力的读数达到峰值或读数达到稳定时，再增加轴向应变值3%～5%即可停止试验；当读数无稳定值时，试验应进行到轴向应变达20%为止。因为该仪器只能人工读取数据，因此在试验过程中采用手机录制试验过程中的视频，在压缩结束之后通过视频读取压缩仪手柄每转一圈对应轴向位移计、轴向测力计的数据并记录。

3.2 试验指标计算

试验指标计算如下：

（1）轴向应变：

$$\varepsilon = \frac{\Delta h}{h_0} \times 100\% \qquad (3.1)$$

式中 ε——轴向应变，%；

Δh——轴向变形，mm；

h_0——试样初始高度，mm。

（2）平均断面积：

$$A_a = \frac{A_0}{1 - 0.01\varepsilon} \qquad (3.2)$$

式中 A_a——试样剪切时的断面积；

A_0——试样起始面积。

（3）轴向应力：

$$\sigma = \frac{CR}{A_a} \times 10 \qquad (3.3)$$

式中 σ——轴向应力，kPa；

C——测力计率定系数（精确至0.01 mm），N；

R——测力计读数（精确至0.01 mm）。

（4）应力应变曲线，如图3.4所示。其中最大轴应力为无侧限抗压强度 q_u，当最大轴应力不明显时，轴应变为15%对应的应力作为无侧限抗压强度 q_u'。

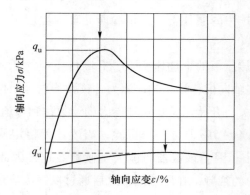

图 3.4　轴向应力与轴向应变曲线

3.3　无侧限抗压强度试验的变形特性试验结果分析

对改良土试样开展无侧限抗压强度试验，根据试验数据得到试样压缩过程中的应力-应变曲线，分析木质素纤维掺量、水泥掺量、试样养护龄期对应力-应变曲线的影响，得到各影响因素对试样变形特性的影响规律。

图 3.5 为试样压缩过程中不同阶段的图片，图 3.5（a）为试样还未受力状态，仪器两个百分表读数均为 0；随着下加压板上升，试样开始受压，此时仪器位移计读数增大，测力计读数也增大，试样表明无明显变化，如图 3.5（b）所示；随着试样继续被压缩，直至测力计读数缓慢地达到最大值，位移计读数快速变大，试样表面开始出现很多细小裂缝，此时试样达到极限承载状态，如图 3.5（c）所示；随着下加板的继续上升，试样进一步被压缩，表面裂缝逐渐扩大，测力计读数开始减小，位移计读数快速增加，如图 3.5（d）所示，此时试样的抗压能力已经开始下降；最终试样被完全压坏，如图 3.5（e）所示。

不同木质素纤维和水泥掺量下试样的应力-应变关系曲线图如图 3.6 所示，由图可知，整个试验过程中，试样的应力是先增加后减小，并且前期增加得较快；试样的应变值一直增加，当应力达到最大值后，应变值增加的速度显著提高，该应力最大值即无侧限压缩下试样的最大抗压强度。

其中，图 3.6 曲线上升过程有部分接近直线段，此时应力-应变呈现为一次函数关系，其斜率即试样的弹性模量，见式（3.4），可近似表达改良后土体的弹性性质。

(a)　　　　　　　　　　(b)　　　　　　　　　　(c)

(d)　　　　　　　　　　(e)　　　　　　　　图 3.5 彩图

图 3.5　试样无侧限压缩过程

（a）初始加荷；（b）应力增加；（c）应力最大；（d）应力减小；（e）试样破坏

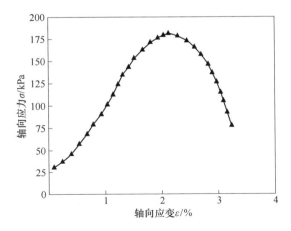

图 3.6　试样的应力-应变曲线

$$E_c = \frac{\sigma_c}{\varepsilon_{ce}} \qquad\qquad (3.4)$$

式中　E_c——弹性模量，kPa；

　　　σ_c——轴向压应力，kPa；

　　　ε_{ce}——轴向应变。

3.3.1　木质素纤维掺量对试样应力-应变曲线的影响规律

与素土和水泥不同，木质素纤维是一种有机纤维，一般是一种不可缺少的稳定剂，对土体的性质有较大的影响，因此，在本试验中，木质素纤维的掺量对于改良土的应力应变曲线也存在着较大的影响。

图 3.7 可见试样随着木质素纤维掺量的改变，其破坏时所呈现的角度也逐渐改变，当木质素纤维掺量为 0 和 2%，水泥掺量为 4% 时，其破坏后试样的破裂面趋于竖直，当木质素纤维掺量达到 4% 及以上，破裂面的角度在 40°～60°之间。因此，木质素纤维的掺入可以有效地降低试样破坏时破裂面的角度。

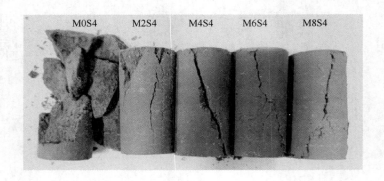

图 3.7　不同木质素纤维掺量下试样的破裂角度

如图 3.8 所示，在水泥掺量和养护龄期一定时，随着木质素纤维掺量增加，不论是应力增大还是减小段都逐步趋于平缓，图 3.8(a)、(d)、(g)、(j) 表现最为明显，其主要原因是木质素纤维本身常作为稳定材料，它的加入让土与土之间的胶结变得更加稳定，使得试样在压缩破坏过程中趋于稳定。同时，不同试样的应力均呈现为先增加后减小；应变则一直增大，整体呈现的规律为改良后试样应变随着木质素纤维掺量的增加而增加。另一方面，随着木质素纤维掺量的增加，试样的强度也逐渐增加，当木质素纤维掺量达到 4% 附近，强度最大。同时，

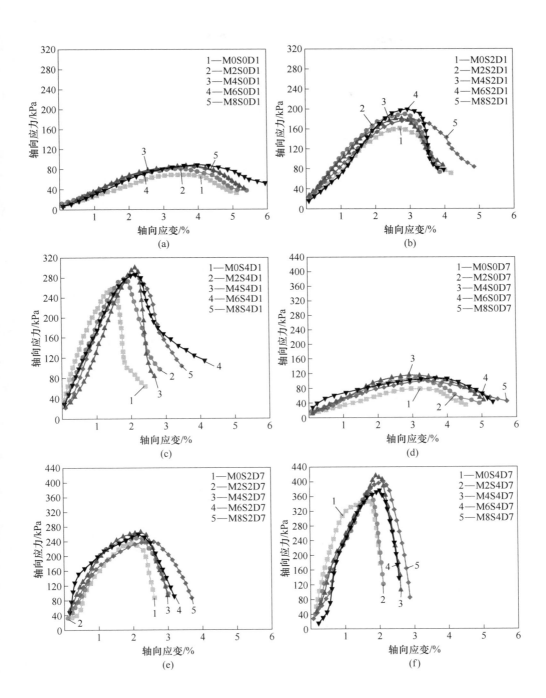

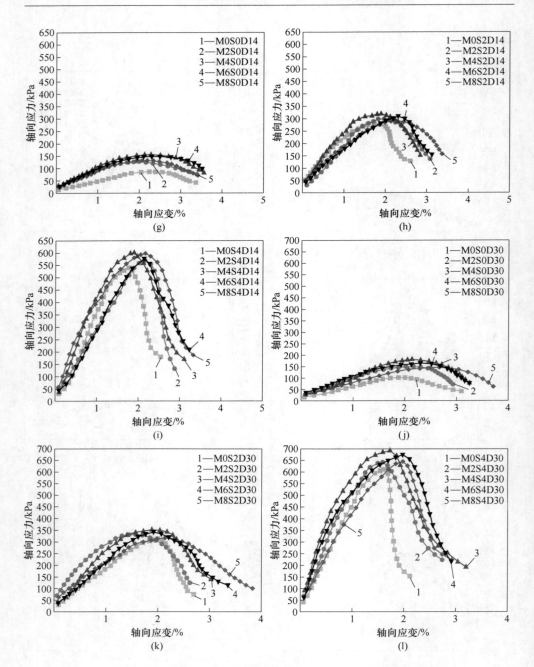

图 3.8　木质素纤维掺量对试样应力-应变关系的影响

(a) S0D1；(b) S2D1；(c) S4D1；(d) S0D7；(e) S2D7；(f) S4D7；

(g) S0D14；(h) S2D14；(i) S4D14；(j) S0D30；(k) S2D30；(l) S4D30

随着木质素纤维掺入量增加，试样应力最大值逐渐呈现右移的趋势，即最大应力所对应的应变值逐渐变大，并且该现象随着水泥掺量的增加而愈加显现，此时试样整个压缩破坏较为缓慢，与之相反试样则破坏得较快，表现为试样的脆性增加。如图 3.8(a) 所示，当木质素纤维掺量为 0 时，其对应的最大应力低于掺入木质素纤维之后改良土的最大应力。整个配比试样下最大应力值达到了 692 kPa，每个试样最大应力对应的应变也有很大的差异，最大的应变值为 3.98%。

3.3.2　水泥掺量对试样应力-应变曲线的影响规律

水泥作为一种改良材料加入其中，与木质素纤维一样对于试样的变形特性也会产生很大的影响，因为在土中加入水泥后，将会形成水泥与土颗粒和水泥与木质素纤维的胶结固化作用，从而使得改良后土的强度和刚度等力学性能得到明显改善。因此，分析水泥掺量对改良土应力-应变关系曲线的影响对于本试验具有很大的意义。试验过程中水泥掺量分别为 0、2%、4%，最后通过试验数据得到的应力-应变曲线如图 3.9 所示。

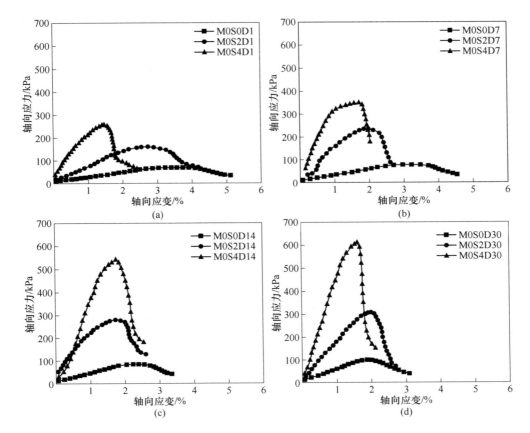

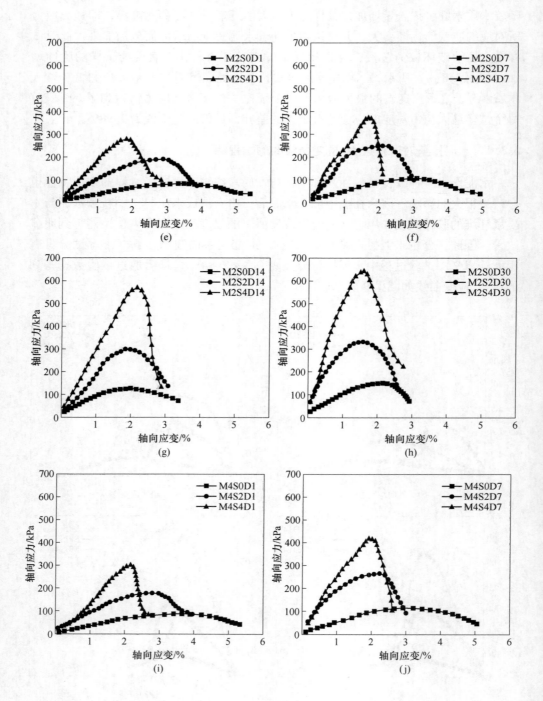

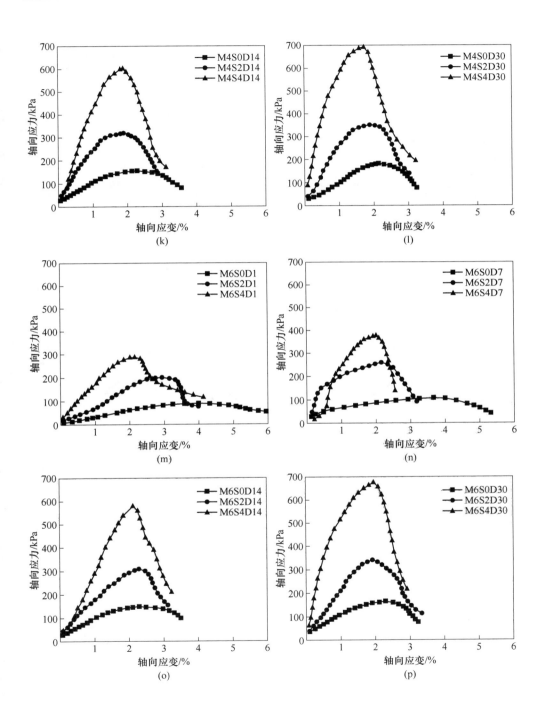

(k)

(l)

(m)

(n)

(o)

(p)

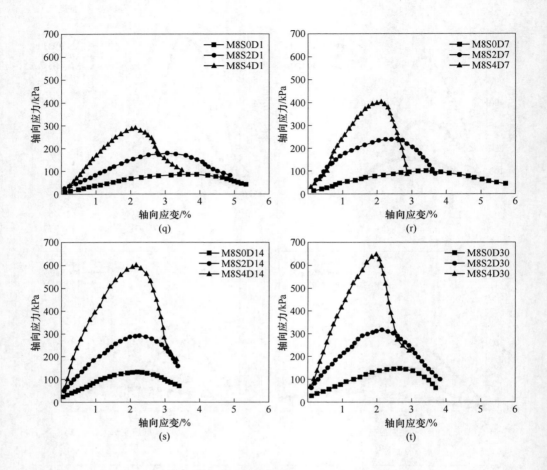

图 3.9   水泥掺量对试样应力-应变关系的影响

（a）M0D1；（b）M0D7；（c）M0D14；（d）M0D30；（e）M2D1；（f）M2D7；

（g）M2D14；（h）M2D30；（i）M4D1；（j）M4D7；（k）M4D14；（l）M4D30；

（m）M6D1；（n）M6D7；（o）M6D14；（p）M6D30；（q）M8D1；（r）M8D7；

（s）M8D14；（t）M8D30

　　由图 3.9 可知，在木质素纤维和养护龄期为定值的时候，随着水泥掺量的增加，试样的应力-应变曲线的上升段斜率逐渐变大，试样轴向应力也增加，即试样的水泥掺量越高，试样在同一应变值下对应的应力值更大。另一方面，在试样应力达到最大值后，水泥掺量越高的试样，破坏产生的应变越小。因此从应力-应变曲线上升段和下降段的斜率变化可以知道，水泥掺量的增加会提高试样的刚度。而木质素纤维的加入，在不影响强度的前提下，可以减小试样应力-应变曲线的斜率，即减小试样的脆性。同时，试样的应力应变曲线的峰值也会随着木质素纤维掺量的增加逐渐地右移，该结果与3.3.1结论相吻合。

水泥的加入产生上述现象，主要原因是水泥与水发生水化反应，水泥由于水化作用会与木质素纤维和土颗粒之间形成胶结结构，同时木质素纤维与土颗粒之间也存在着胶结作用，通过两种形式会使得3种物质紧密结合，并且随着时间的推移逐渐硬化。因此，当养护足够时间的试样在压缩过程中，随着传压板的上升，竖向应力值会快速增大，水泥形成的胶结结构就会出现破坏，并且该破坏呈现为脆性破坏，即在应力出现峰值后紧接着在较小的应变内应力会快速减小，该现象在水泥掺量较高的情况下更加显著（见图3.9(c)和(d)）。

3.3.3　养护龄期对试样应力-应变曲线的影响规律

一般试样的养护时间会直接选定一个时间，不进行变量设置，本试验考虑将其设置为变量主要是因为改良材料中含有木质素纤维和水泥，通过设置养护龄期，探明养护时间对应力-应变曲线的影响，以及木质素纤维是否会对水泥存在着早强和稳定效果。

图3.10为养护龄期对试样应力-应变曲线影响关系图，从任意一幅应力-应变关系图可以看出，随着养护龄期的增加，应力-应变曲线的斜率绝对值逐渐变大，并且该现象与养护时间和水泥掺量有着很强的关系，如图3.10(a)、(d)、(g)、(j)、(m)所示，在水泥掺量都为0的情况下，养护1 d和7 d时，应力-应变曲线的斜率较为接近，而到了养护14 d和30 d的时候，应力-应变曲线的斜率绝对值就变大了，这一结果表明木质素纤维受养护时间的影响。当水泥掺量为2%时，如图3.10(b)、(e)、(h)、(k)、(n)所示，此时因为水泥的掺入，养护时间为1 d的时候，因为水泥的水化反应未完全，应力-应变曲线仍然趋于平缓，而当养护时间到达7 d及以上，此时水泥的水化反应已经进行绝大部分，试样的应力-应变曲线的斜率较1 d的时候增加显著，特别在有木质素纤维掺入的试样上，该现象更显而易见。最后当水泥掺量为4%时，此时试样每经过一个养护龄期，其应力-应变曲线的斜率均在变大，如图3.10(c)、(f)、(i)、(l)、(o)所示。特别地如图3.10(c)所示，在木质素纤维掺量为0时，养护了30 d的情况下，在应力达到最大值后便急剧下降，主要原因是水泥掺量较高，试样刚度较大。而图3.10(f)、(i)、(l)、(o)因为均有不同掺量的木质素纤维掺入，

试样在养护 30 d 情况下，应力达到最大后，并未在应变变化很小的情况下应力便急剧减小，即在破坏后应力应变曲线较未掺木质素纤维的试样更加平缓。

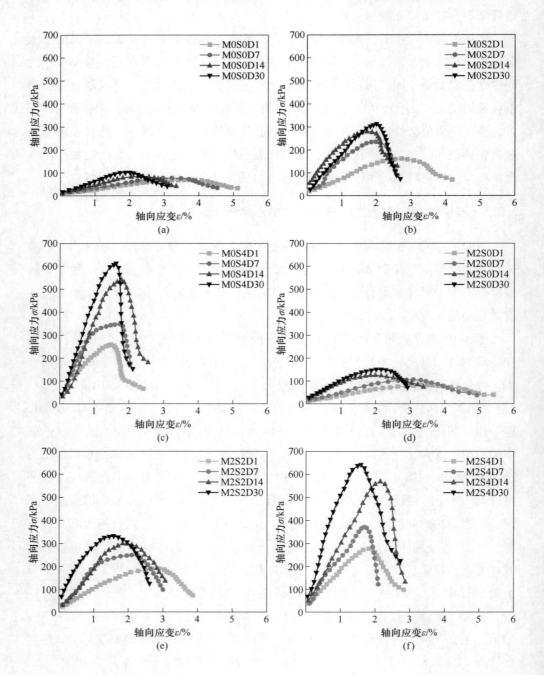

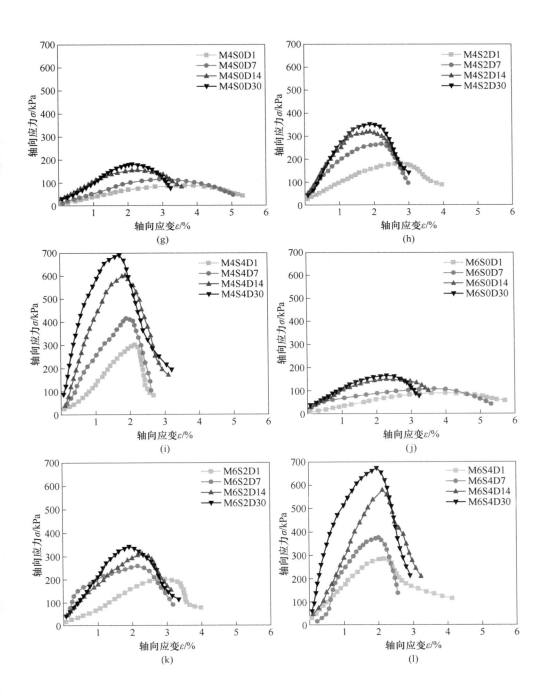

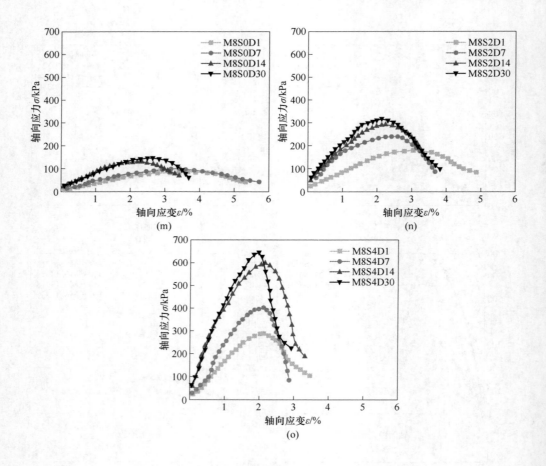

图 3.10　养护龄期对试样应力-应变关系的影响

（a）M0S0；（b）M0S2；（c）M0S4；（d）M2S0；（e）M2S2；（f）M2S4；

（g）M4S0；（h）M4S2；（i）M4S4；（j）M6S0；（k）M6S2；（l）M6S4；

（m）M8S0；（n）M8S2；（o）M8S4

3.4　无侧限抗压强度试验的强度特性试验结果分析

3.4.1　木质素纤维掺量对试样无侧限抗压强度的影响规律

　　木质素纤维作为改良土的主要组成部分，对试样无侧限抗压强度及强度形成机理具有重要意义。在试样无侧限抗压强度的研究过程中，应探明木质素纤维掺量对试样无侧限抗压强度的影响规律，进而对以后的研究做出帮助。

　　试样的无侧限抗压强度实测值随木质素纤维掺量的变化曲线如图 3.11 所示。由图可知，在含水率为 24% 时，随着木质素纤维掺量的增加，试样的无侧限抗压强度 q_u' 呈现先增加后减小的趋势。当养护龄期为 30 d，水泥掺量为 0 时，木质素纤维掺量为 4% 时强度最大，此时改良土强度约 180 kPa。并且在木质素纤维掺量为 2%、6%、8% 时，试样的无侧限抗压强度均大于木质素纤维掺量为 0 的试样。其中木质素纤维掺量为 2%、6% 时，抗压强度远高于掺量为 0，而掺量为 8% 的强度只轻微高于掺量为 0 的试样。例如，由图 3.11（a）可知在水泥掺量为 0，

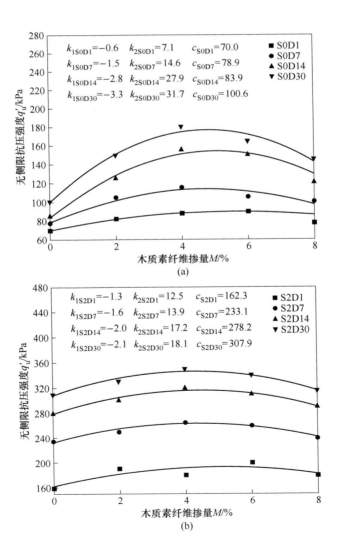

(a)

(b)

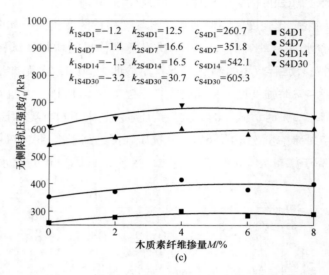

图 3.11　木质素纤维掺量对试样无侧限抗压强度的影响

（a）水泥掺量 0；（b）水泥掺量 2%；（c）水泥掺量 4%

养护 30 d 的情况下，木质素纤维掺量为 2%、4%、6%、8% 较掺量为 0 时，强度分别增加了 50%、80%、65%、45%。木质素纤维的掺入能够增加试样的强度，一方面是因为其增加了土颗粒之间的连接性，并且能够缓解水泥掺入增加的脆性；另一方面是因为通过水泥的固化作用，使得木质素纤维的胶结作用更强，从而提高了试样的强度。

通过观察不同木质素纤维掺量下，试样整体的强度变化呈现二次函数趋势，通过对其拟合，所有拟合曲线 R^2 均大于 0.95，拟合度较高。因此可以得到无侧限抗压强度 q'_u 与木质素纤维含量 M 的函数关系式（见式(3.5)）：

$$q'_u = k_1 M^2 + k_2 M + c \quad (M \geqslant 0) \tag{3.5}$$

其中，k_1 为拟合曲线的斜率，其物理意义为木质素纤维掺量每增加 ΔM 时，对应改良土的无侧限抗压强度增加值为 $\Delta q'_u$，即 $k_1 = \Delta q'_u / \Delta M$，斜率 k_1 的绝对值与木质素纤维掺量、水泥掺量和养护龄期均有关系。

3.4.2　水泥掺量对试样无侧限抗压强度的影响规律

水泥作为改良土较为原始的改良剂之一，具有很强的加固效果，但因为大比例的加入对土质的破坏很大，因此现在大比例加入的情况逐渐变少。本试验的最高掺量为 4%，然后再加入木质素纤维，进而研究素土在木质素纤维、水泥双掺的作用下强度的变化情况，其具有很大的意义。

图 3.12 为水泥掺量对试样无侧限抗压强度的关系曲线，从图中可以看出无论木质素纤维掺量为多少，试样的无侧限抗压强度 q'_u 均随着水泥掺量的增加而逐渐增加。但从图 3.12 可以看出，在有木质素纤维加入的试样强度均不同程度上大于只有水泥掺入的试样，特别当养护时间较短时，有木质素纤维掺入的试样其强度相较未掺入木质素纤维的试样提升更明显（见图 3.12（a））。产生该现象的主要原因是木质素纤维的加入使得在天然含水率下，素土与水泥能够更快地进

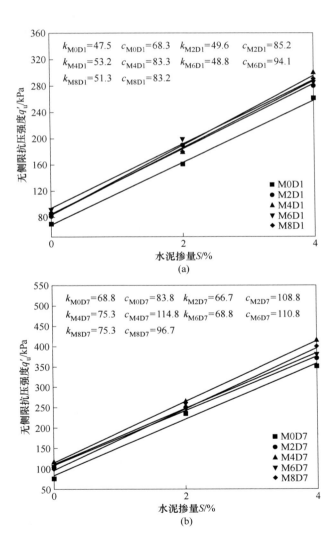

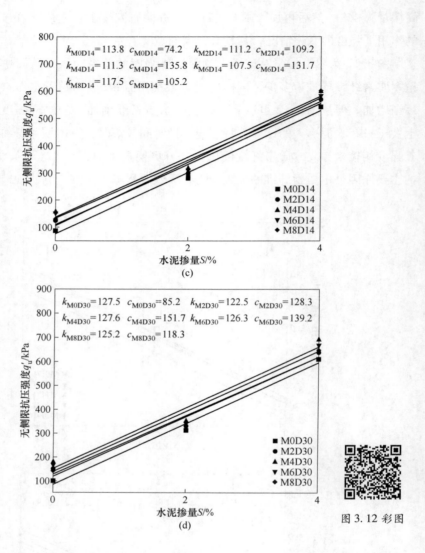

图 3. 12　水泥掺量对试样无侧限抗压强度的影响

（a）养护 1 d；（b）养护 7 d；（c）养护 14 d；（d）养护 30 d

行固化作用，从而使得加固的时间变短。从图 3. 12（d）中可以看到，经过木质素纤维和水泥双掺加固后，再养护 30 d，最大的强度达到了 690 kPa，该强度已经远高于密实砂土地基承载力的数值。

　　为了能够更加直观地描述不同水泥掺量下试样抗压强度的变化情况，对试样数据进行拟合，得到图 3. 12 中的拟合曲线，拟合得到的函数公式见式（3. 6），

所有曲线拟合度 R^2 均大于 0.98。其中曲线的斜率为 k，即表示为水泥含量 S 每增加 ΔS 时对应着试样无侧限抗压强度增加了 $\Delta q'_u$。

$$q'_u = kS + c \quad (S \geqslant 0) \tag{3.6}$$

$$k = \left| \frac{\Delta q'_u}{\Delta S} \right| \tag{3.7}$$

3.4.3 养护龄期对试样无侧限抗压强度的影响规律

养护龄期的研究主要考虑到改良材料中含有水泥，同时又因为木质素纤维在混凝土中应用，其主要充当稳定剂，因此对于两种材料复合改良土，养护龄期对试样强度的影响有着很大的含义。

图 3.13 为不同养护龄期下试样强度变化规律。由图可知，随着养护时间的增加，试样强度逐渐提升。如图 3.13（a）所示，此时的试样是在水泥掺量为 0 的情况下得到的数据图，随着养护时间的增加，试样的强度也增加，即不论木质素纤维的掺量为多少，养护时间与试样的强度呈正相关。但当木质素纤维掺量在 4% 及以下的时候，试样的强度基本上与 30 d 内的养护时间呈正相关，而当木质素纤维掺量大于 4% 的时候，试样在养护时间 14 d 左右便基本达到养护 30 d 强度的 90%。图 3.13（b）为水泥掺量为 2% 时，试样养护龄期与无侧限抗压强度的关系曲线，由图可知，所有试样的强度增加曲线规律较为一致，即在前 14 d 试样便可达到 30 d 时强度的 85% 以上。图 3.13（c）为水泥掺量为 4% 时，试样养护龄期与无侧限抗压强度的关系曲线，由图可知，试样强度增加在养护时间为

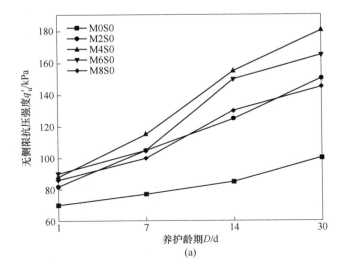

(a)

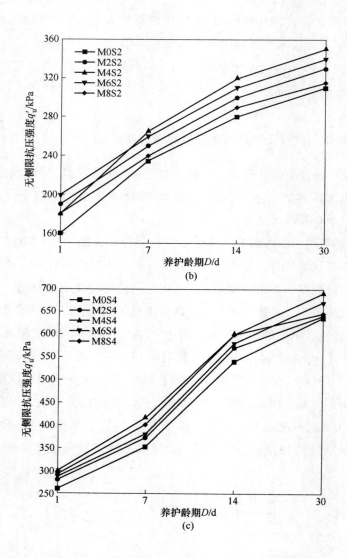

图 3.13　养护龄期对试样无侧限抗压强度的影响

(a) 水泥掺量 0；(b) 水泥掺量 2%；(c) 水泥掺量 4%

7～14 d 的时候最为明显，此时所有试样对应的曲线斜率值较之 1～7 d 和 14～28 d 斜率值都更大。主要原因是这个时间段内，水泥的水化反应最为的剧烈，同等时间下固化作用最为明显，也使得木质素纤维与水泥之间的胶结结构更加牢固。

另一方面，从图 3.13(b) 可知，当水泥掺量较小时，木质素纤维掺量不宜过高，因为在木质素纤维掺量为 8% 的时候，其强度与未掺木质素纤维试样的强度基本一致，究其原因是过高的木质素纤维掺入会导致自我成团，此时再加上水泥的加入，成团自身强度相比周围均匀混合的部分较小，在受压过程中将会最先被挤压，从而导致试样破坏，强度降低。

　　本章分析了素土掺入不同配比的木质素纤维及水泥后，对改良土进行无侧限抗压强度试验，进而分析试验的变形特性和强度特性，探明改良土变形和强度指标与木质素纤维及水泥掺量直接的关系，结果发现，木质素纤维的掺入可以改变改良土的脆性，特别是当有着水泥掺入的时候，可以有效缓解试样在破坏瞬间在应变较小范围内应力大幅度减小的现象。

4 木质素纤维-水泥改良土侧限压缩试验

在岩土工程和土力学中，土体的变形或者土体的沉降是其主要研究内容，不论是房建、道路、桥梁等，还是对整个建筑过程产生的沉降均有严格要求，其沉降值直接关乎建筑物是否合格和安全。不同类型的土，其变形特性不同。本书中的木质素纤维-水泥改良土作为一种新型回填材料，它变形性能的研究对其在工程市场开拓使用具有重要的指导意义。本章节主要对改良土压缩性能涉及的各个参数进行研究，分析了不同掺量木质素纤维和水泥在养护30 d下试样的变形情况、孔隙比 e-时间曲线、变形量-时间曲线、法向应力-应变曲线、e-p 曲线、e-lg$p$ 曲线，得到各个压缩指标与木质素纤维及水泥掺量之间的规律。

4.1 试验设计与步骤

4.1.1 试验材料

与第 3 章无侧限抗压强度试验所用材料一致。

4.1.2 试验方案

试验方案除试样只需养护30 d后直接进行试验外，其他与第 3 章无侧限抗压强度试验方案一致。

4.1.3 试验步骤

本试验方法均按《土工试验方法标准》（GB/T 50123—2019）执行。其试样制备具体分述如下：

试验步骤（1）~（3）与 3.1.3 节步骤（1）~（3）一致。

（4）试样制备：使用环刀击实器进行制样，如图 4.1 所示，该制样器内径为环刀的外径。首先在环刀内壁上涂抹凡士林，再将环刀与环刀击实器组装完成。加入一定质量的土，使用击实锤进行击实成样，击实完成后使用刮土刀对环刀上下面进行刮平，再将试样连同环刀一起放入保鲜袋中贴好标签，如图 4.2 所示，最后置于标准恒温恒湿养护箱内，进行指定的龄期养护，温度为 20 ℃ ±2 ℃，养护湿度不小于90%。

图 4.1　环刀击实器

图 4.2　直剪试样

（5）试样侧限压缩：当试样养护 30 d 后，使用三联高压杠杆式固结仪进行试验，如图 4.3 所示，其结构示意图如图 4.4 所示。试验中法向应力分别为 200 kPa、400 kPa、800 kPa、1600 kPa。压缩仪如图 4.5 所示。具体操作步骤如下：

图 4.3　三联高压固结仪

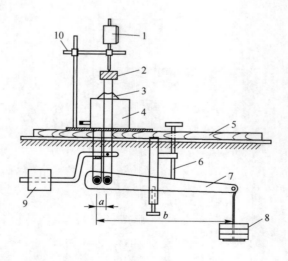

图 4.4　杠杆式固结仪结构示意图

1—百分表；2—加压框架横梁；3—承压板；4—压缩容器；5—水平台；6—固定螺丝；
7—杠杆；8—砝码及砝码盘；9—平衡锤；10—百分表固定支架

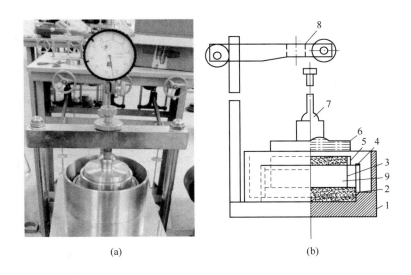

图 4.5 压缩仪（a）及其结构示意图（b）

1—底座；2—透水石；3—环刀；4—旋钮；5—护环；6—加压平台；

7—荷载传递；8—百分表；9—试样

1）按照规范要求对仪器进行校准并调平。

2）将试样放入仪器中，拧紧各个螺丝，最后加上对应的砝码，其中试验过程砝码从小到大分 4 次叠加，每次间隔时间 100 min。由于刚开始读数时间间隔极短，因此在试验刚开始，进行视频录制，等试验结束从录制的视频获取试验数据，最后整理数据，绘制各个关系曲线图。

4.2 试验指标计算

（1）初始孔隙比 e_0 按照式（4.1）计算：

$$e_0 = \frac{(1 + \omega_0) G_{\mathrm{S}} \rho_{\mathrm{w}}}{\rho_0} - 1 \tag{4.1}$$

式中　ω_0——试样的初始含水率，%；

ρ_0——试样的初始密度，g/cm^3；

ρ_{w}——水的密度，g/cm^3；

G_{S}——试样的比重。

（2）孔隙比 e 按照式（4.2）计算：

$$e = e_0 - (1 - e_0)\frac{s}{H_0} \tag{4.2}$$

式中　e_0——初始孔隙比；

　　　s——某一级压力下试样的高度总变形量，mm；

　　　H_0——试样初始高度，mm。

4.3　木质素纤维及水泥掺量对竖向变形量及孔隙比的影响

根据试验数据，得到试样在各级荷载下，竖向变形量 s 和孔隙比 e 随时间 t 的变化规律，如图4.6所示。其中图4.6(a)~(e)、图4.6(f)~(j)、图4.6(k)~(o)分别代表试样是由水泥掺量为0、2%、4%的任意5幅图，每组的5幅图则代表木质素纤维掺量分别为0、2%、4%、6%、8%。通过每5幅图之间与5幅图内部进行分析比较，可以得到试样随着木质素纤维及水泥掺量增加的变化规律。

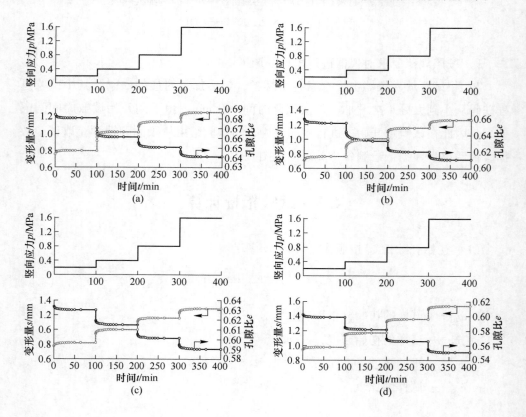

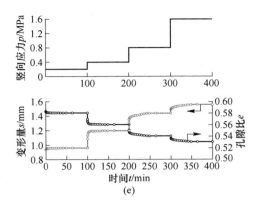

(e)

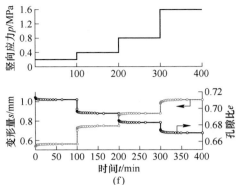

(f)

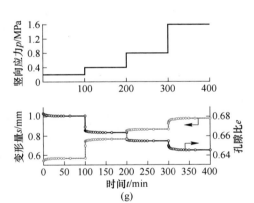

(g)

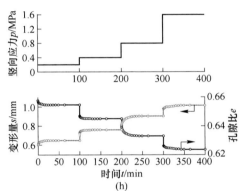

(h)

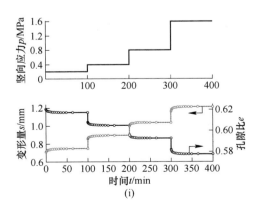

(i)

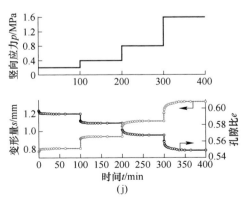

(j)

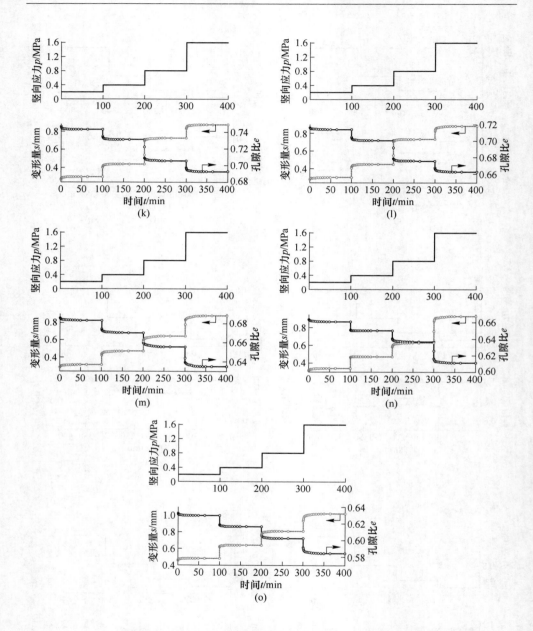

图 4.6　不同配比的试样在各级荷载作用下竖向变形量及孔隙比随时间的变化曲线

(a) M0S0；(b) M2S0；(c) M4S0；(d) M6S0；

(e) M8S0；(f) M0S2；(g) M2S2；(h) M4S2；

(i) M6S2；(j) M8S2；(k) M0S4；(l) M2S4；

(m) M4S4；(n) M6S4；(o) M8S4

由图4.6可知，一方面，试样的变形量随着时间增加而增加，且每次增加荷载后，短时间内变形量会显著增加；另一方面，试样孔隙比随着时间的增加而减小，且每次增加荷载后，短时间内孔隙比会显著减小。为了能够更加直观分析试样应变 ε 和孔隙比变化率 $(e_0-e)/e_0$ 随着木质素纤维及水泥掺量的变化情况，根据试验数据绘制得到图4.7和图4.8。由图可知，试样在荷载全部施加完成后，随着水泥掺量的增加，其应变 ε 和孔隙比变化率 $(e_0-e)/e_0$ 逐渐减小，同时随着木

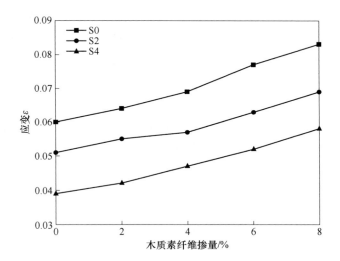

图4.7 应变随木质素纤维掺量的关系曲线

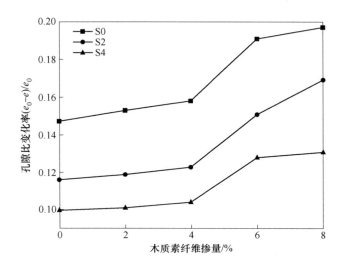

图4.8 孔隙比变化率随木质素纤维掺量的关系曲线

质素纤维掺量的增加，试样的应变 ε 和孔隙比变化率 $(e_0 - e)/e_0$ 在掺量4%及以下增量较小，在掺量大于4%增量较为明显。

4.4 木质素纤维及水泥掺量对应力-应变关系曲线的影响

通过记录试样在各级荷载下的最终变形量，进而得到各级荷载下试样的最终应变值，绘制法向应力和竖向应变的关系曲线，如图4.9所示。其中图4.9(a)、(c)、(e) 为常坐标系下试样的应力-应变曲线；图4.9(b)、(d)、(f) 为半对数坐标系下试样的应力-应变曲线。由常坐标系图可以看出，试样的应变在刚开始受压增大得迅速，经过第一阶段和第二阶段加荷后，试样的应变增加速度变慢，即试样的应力-应变曲线斜率值越来越大。按照土力学知识可知，曲线斜率值的物理意义为：试样在对应的应力条件下的侧限压缩模量 E_s，单位为 kPa 或 MPa，它等于单位应力内对应的应变变量，即 $E_s = \Delta p / \Delta \varepsilon$。进一步由图4.9(a)、(c)、(e) 可知，图中所有曲线在不同荷载下的斜率值是不相等的，即试样的压缩模量不是定值，其大小是随着法向应力 p 的增大而增大。主要原因是在侧限条件下，随着法向应力的逐渐增大，试样被压缩得越加密实，可被压缩的体积越来越小，进而逐渐趋向于不可压缩。另一方面，从常坐标系图可以发现，试样随着木质素纤维掺量的增加，应变值也逐渐增加，但是在木质素纤维掺量从4% ~ 6%和6% ~8%过程中，应变增加值大于其他情况，同时，试样随着水泥掺量的增加，应变逐渐减小，说明水泥的固化可以减小试样的变形。

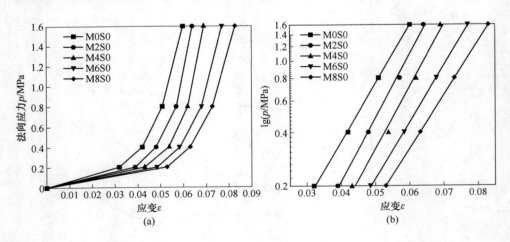

(a)   (b)

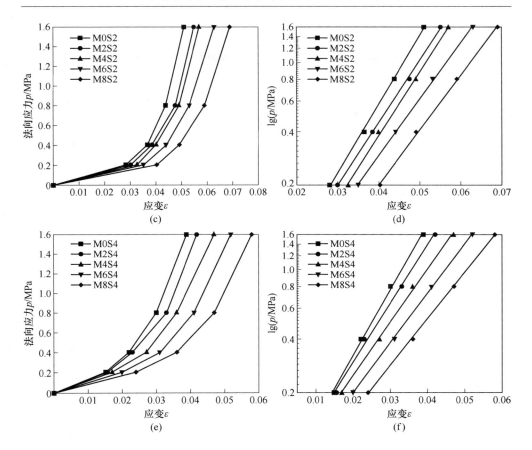

图 4.9　侧限条件下试样的应力-应变关系曲线

（a）水泥掺量 0 下的 ε-p 曲线；（b）水泥掺量 0 下的 ε-$\lg p$ 曲线；

（c）水泥掺量 2% 下的 ε-p 曲线；（d）水泥掺量 2% 下的 ε-$\lg p$ 曲线；

（e）水泥掺量 4% 下的 ε-p 曲线；（f）水泥掺量 4% 下的 ε-$\lg p$ 曲线

从图 4.9（b）、（d）、（f）可知，在半对数坐标系下，试样的应力-应变关系呈线性关系，应变值随着应力的增大而线性增大。对其进行拟合，R^2 均大于 0.99，拟合效果较好。本试样在法向应力范围内，试样的应力 p 与应变 ε 的关系用式（4.3）表示。

$$\lg p = E'_s \varepsilon \tag{4.3}$$

式中　E'_s——试样在半对数坐标系下的压缩模量，$E'_s = \Delta(\lg p)/\Delta\varepsilon$，无量纲。

由半对数坐标系图可知，所有线条斜率较为接近，说明 E'_s 值受木质素纤维及水泥掺量的影响较小。

4.5 木质素纤维及水泥掺量对孔隙比的影响

图 4.10 所示为试样在侧限条件下，孔隙比 e 和法向应力 p 的关系曲线。其中图 4.10(a)、(c)、(e) 为常坐标系下试样的 e-p 压缩曲线，图 4.10(b)、(d)、(f) 为半对数坐标系下试样的 e-lg$p$ 压缩曲线。由 e-p 曲线可以看出，试样的孔隙比 e 随着应力的增大而减小，即在第 1 次和第 2 次加荷时，试样的孔隙比减小较为明显，而到了第 3 次加荷时，孔隙比减小的幅度较小，在最后一次加荷时，孔隙比基本未发生变化，此时试样呈现为极其密实的状态。另一方面，由 e-p 曲线可以发现随着木质素纤维的增加，试样的孔隙比逐渐减小。其原因是，虽然木质素纤维与土颗粒胶结作用可以让试样强度变高，但是试样的延性会变强，因而压缩量增加，所以孔隙比减小，这与 3.3.1 节结论相吻合。再对比图 4.10(a)、

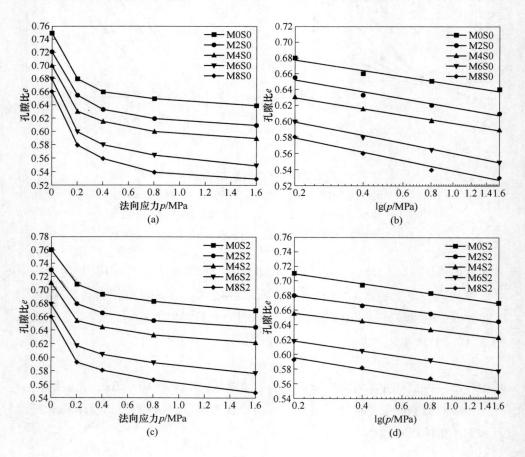

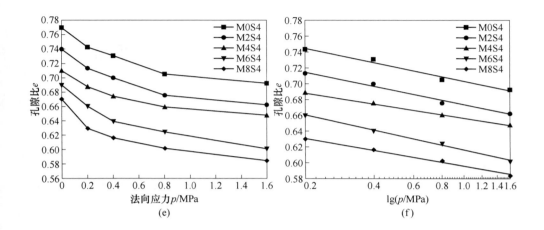

图 4.10 试样的 e-p 和 e-lg$p$ 曲线

（a）水泥掺量 0 下的 e-p 曲线；（b）水泥掺量 0 下的 e-lg$p$ 曲线；

（c）水泥掺量 2% 下的 e-p 曲线；（d）水泥掺量 2% 下的 e-lg$p$ 曲线；

（e）水泥掺量 4% 下的 e-lg$p$ 曲线；（f）水泥掺量 4% 下的 e-lg$p$ 曲线

（c）、（e）可以发现，随着水泥掺量的提高，试样的孔隙比也逐渐变大，其原因是水泥的加入提高了试样的强度，使得试样更不易被压实。

在 e-p 曲线中，割线斜率为试样在侧限条件下的压缩系数 a_v，单位为 MPa^{-1}，即 $a_v = \Delta e / \Delta p$，负号表示孔隙比与应力 p 为负相关。因此从图 4.10 中可以知道，压缩系数 a_v 与法向应力呈负相关，与木质素纤维掺量呈正相关。在 e-lg$p$ 曲线中，可以明显看到，随着法向应力的增大，孔隙比呈线性减小，该曲线的斜率值是试样的压缩指数 C_c，该指数基本是一个常量，不随应力改变而变化。另一方面，随着木质素纤维及水泥掺量的改变，各曲线之间趋近于平行，说明压缩指数也不随木质素纤维及水泥掺量的变化而改变。C_c 的表达式见式（4.4）。

$$C_c = \frac{\Delta e}{\Delta(\lg p)} \tag{4.4}$$

本章在侧限条件下进行压缩试验研究，分析了不同掺量木质素纤维和水泥的试样在养护 30 d 情况下的变形情况、孔隙比 e-时间曲线、变形量-时间曲线、法向应力-应变曲线、e-p 曲线、e-lg$p$ 曲线，探明了各个压缩指标与木质素纤维及水泥掺量的关系。

5 木质素纤维-水泥改良土直接
剪 切 试 验

在实际工程中，除了防止土体沉降超出设计要求以外，还要防止土体发生剪切破坏，因此有必要提高土体的抗剪强度以满足施工设计要求。经研究表明，影响土体的抗剪强度主要因素是其自身的黏聚力和内摩擦角。本书研究的木质素纤维-水泥改良土主要由素土、木质素纤维和水泥组成，这3种材料的物理性质和掺入量均会对最终形成的改良土的黏聚力和内摩擦角有影响，进而直接影响改良土的抗剪强度。

本章通过直接剪切试验中的快剪试验，对改良土试样的抗剪强度性能进行了研究，主要分析了木质素纤维掺量、水泥掺量及养护龄期对试样的抗剪强度曲线、黏聚力及内摩擦角的影响规律及影响机理。

5.1 试验设计与步骤

5.1.1 试验材料

与第3章无侧限抗压强度试验所用材料一致。

5.1.2 试验方案

为了探讨木质素纤维和水泥掺量的改变对改良土的抗剪强度的影响，在天然含水率24%的情况下，分别设置木质素纤维5个变量（0、2%、4%、6%、8%），水泥3个变量（0、2%、4%），同时试样在养护龄期1 d、7 d、14 d、30 d的情况下进行垂直压力为50 kPa、100 kPa、150 kPa、200 kPa直接剪切试验。由于试样数量较大，所以试验方式采用快剪试验，其中每个试样素土总质量为120 g，改良材料按照素土总质量乘以对应的配比来称取，水的质量按照素土总质量乘以含水率。

5.1.3　试验步骤

本试验方法均按《土工试验方法标准》（GB/T 50123—2019）执行。其试样制备具体分述如下：

试验步骤（1）~（3）与 3.1.3 节步骤（1）~（3）一致，步骤（4）与 4.1.3 节步骤（4）一致。

（5）试样压缩：当试样到达指定养护龄期后，使用 ZJ 型应变控制式直剪仪进行试验，如图 5.1 和图 5.2 所示。具体操作步骤如图 5.3 所示，剪切破坏后的试样如图 5.4 所示。

图 5.1　ZJ 型应变控制式直剪仪

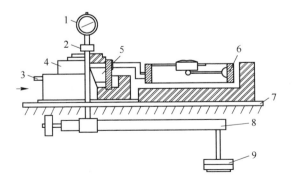

图 5.2　直剪仪示意图

1—百分表；2—加压框架；3—推动座；4—剪切盒；5—试样；6—测力计；

7—台板；8—杠杆；9—砝码

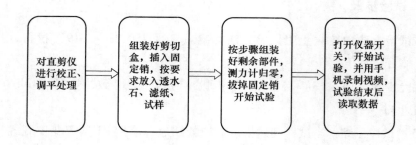

图 5.3　直接剪切试验步骤

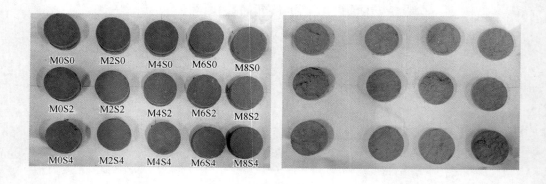

图 5.4　剪切破坏后的试样

5.2　直接剪切试验指标计算

试验结束之后，通过录制的视频读取出测力计读数，按照式（5.1）计算剪应力：

$$\tau = \frac{CR}{A_0} \times 10 \tag{5.1}$$

式中　τ——某一垂直压力下试样的抗剪强度，kPa；

　　　C——测力计率定系数（精确至 0.01 mm）；

　　　R——测力计读数（精确至 0.01 mm）；

　　　A_0——试样的初始面积，cm^2。

5.3 试样的剪应力和剪切位移关系曲线规律分析

剪应力-剪切位移关系曲线又称剪切曲线，在本试验研究中，对于同一配比下的试样，在分别施加法向应力为 50 kPa、100 kPa、150 kPa、200 kPa 下进行试验。将试验得到的数据绘制成剪切位移 l 和剪应力 τ 的关系曲线，如图 5.5 ~ 图 5.8 所示，其中，试样中水泥掺量分别为 0、2% 和 4%，木质素纤维掺量分别为 0、2%、4%、6% 和 8%；图 5.5 ~ 图 5.8 分别为养护龄期为 1 d、7 d、14 d、30 d 下得到的剪切曲线。

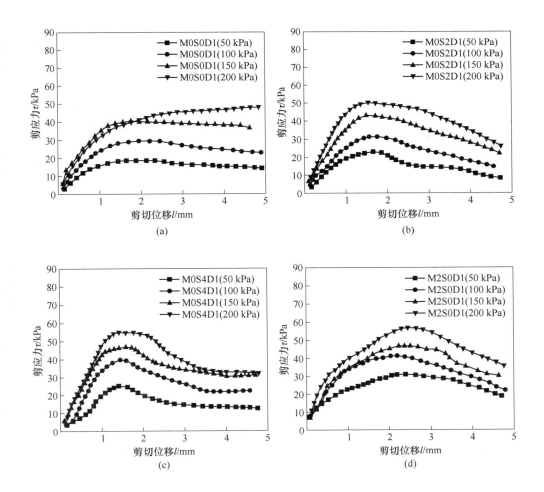

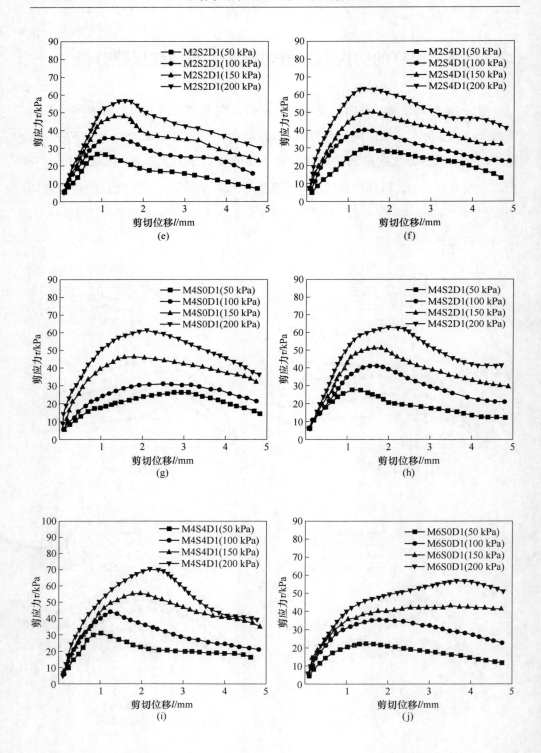

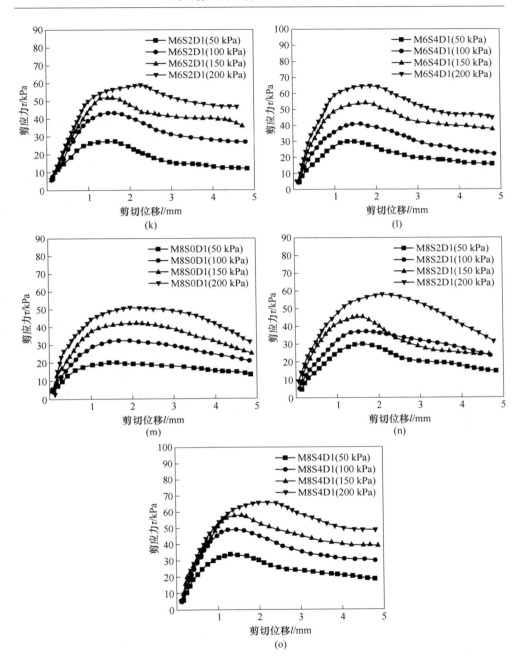

图 5.5　试样的剪切曲线（养护 1 d）

（a）M0S0；（b）M0S2；（c）M0S4；（d）M2S0；（e）M2S2；（f）M2S4；（g）M4S0；（h）M4S2；

（i）M4S4；（j）M6S0；（k）M6S2；（l）M6S4；（m）M8S0；（n）M8S2；（o）M8S4

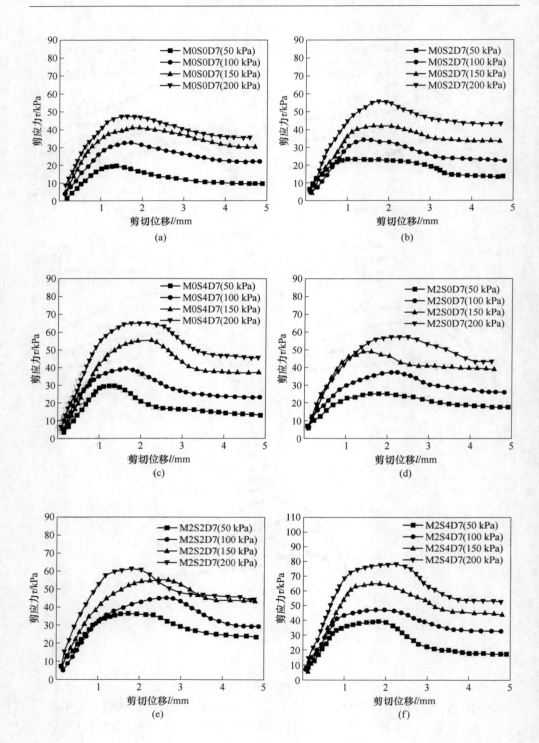

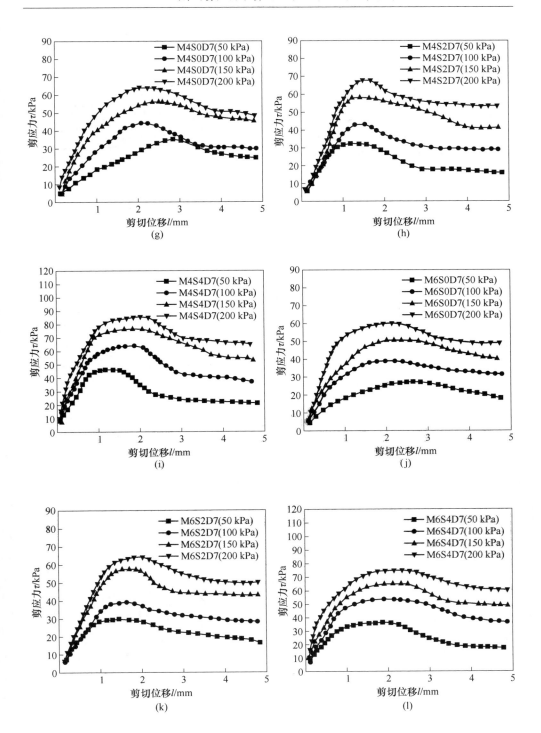

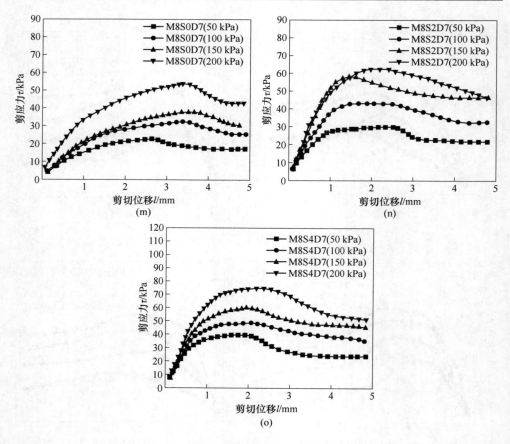

图 5.6　试样的剪切线（养护 7 d）

（a）M0S0；（b）M0S2；（c）M0S4；（d）M2S0；（e）M2S2；（f）M2S4；（g）M4S0；（h）M4S2；
（i）M4S4；（j）M6S0；（k）M6S2；（l）M6S4；（m）M8S0；（n）M8S2；（o）M8S4

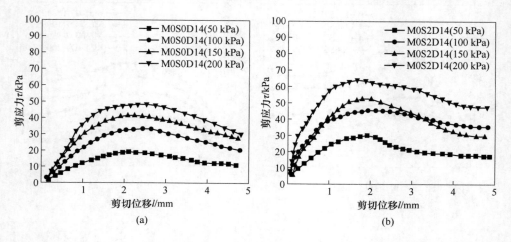

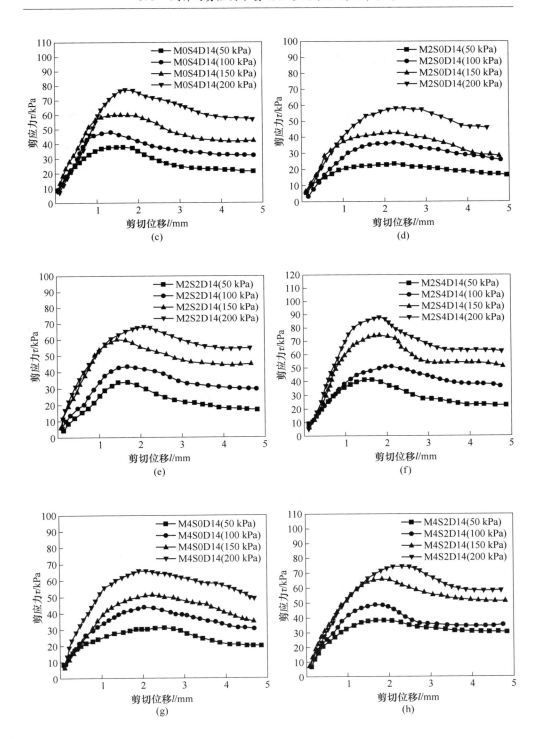

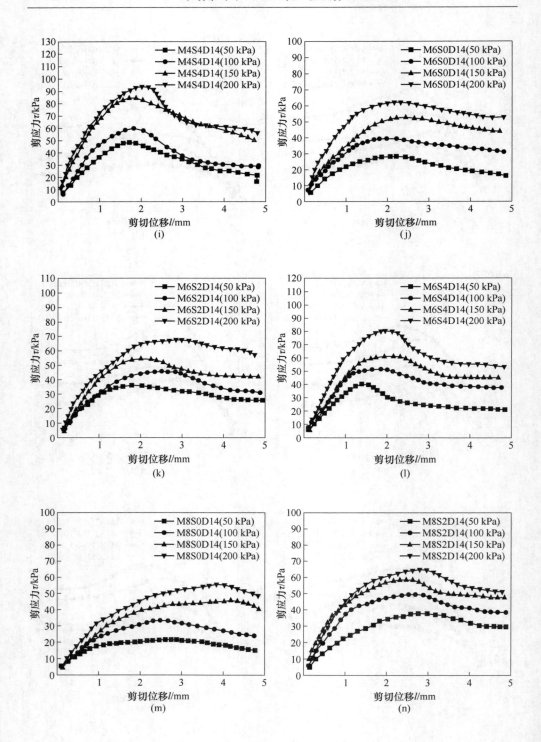

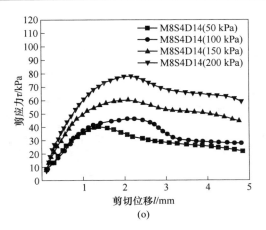

(o)

图 5.7 试样的剪切曲线（养护 14 d）

（a）M0S0；（b）M0S2；（c）M0S4；（d）M2S0；（e）M2S2；（f）M2S4；（g）M4S0；（h）M4S2；

（i）M4S4；（j）M6S0；（k）M6S2；（l）M6S4；（m）M8S0；（n）M8S2；（o）M8S4

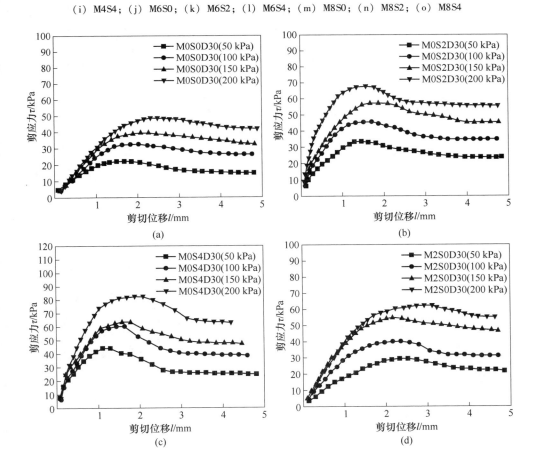

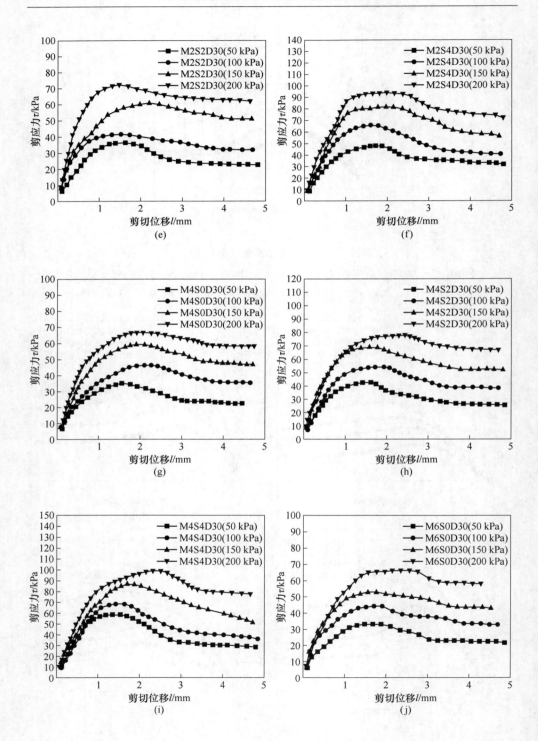

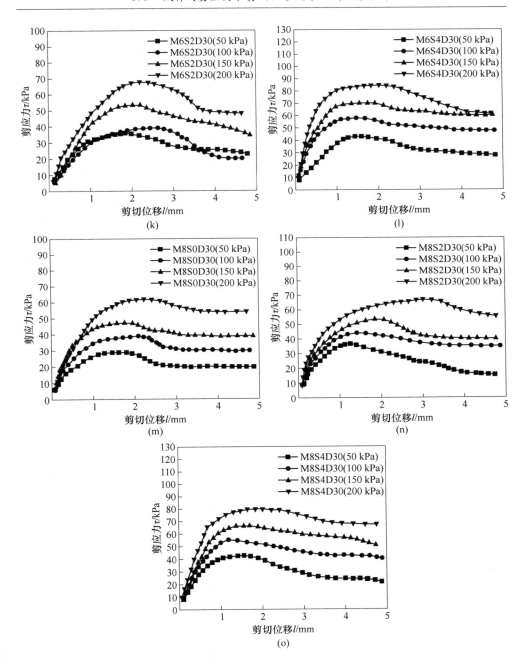

图 5.8 试样的剪切曲线 (养护 30 d)

(a) M0S0; (b) M0S2; (c) M0S4; (d) M2S0; (e) M2S2; (f) M2S4; (g) M4S0; (h) M4S2;

(i) M4S4; (j) M6S0; (k) M6S2; (l) M6S4; (m) M8S0; (n) M8S2; (o) M8S4

由图 5.5 ~ 图 5.8 可以看出，随着剪切位移的逐渐增大，小部分试样在剪应力增大到一定数值后，剪应力维持不变，而绝大部分试样剪应力在达到最大值之前与剪切位移呈正相关，达到最大值之后与剪切位移呈负相关。这一规律与试样的养护时间、木质素纤维及水泥掺量均有关系。试样在剪切过程中，剪应力会存在着一个最大值，此最大值即试样在对应法向应力下的抗剪强度。从图 5.5 ~ 图 5.8 中可以看出，试样的最大剪应力值与试样施加的法向应力呈正相关。对比不同水泥掺量，即木质素纤维掺量不变的情况下，随着水泥掺量的增加，在试样达到最大剪应力之前，剪切曲线的斜率绝对值逐渐变大，峰值点也逐渐变大，由此可见水泥的加入，可以有效提高试样的抗剪强度，而且水泥掺量在一定比例之内，该关系呈正相关。主要是因为水泥加入后与水发生水化反应，产生具有一定强度的胶结结构，该胶结结构会使得木质素纤维与土颗粒之间的胶结更加紧密结合在一起，进而使得试样的抗剪强度得到提升。

由于试验的剪切曲线不仅受木质素纤维掺量的影响，还受水泥掺量和养护龄期的影响。由图 5.5 ~ 图 5.8 可以发现，不论水泥掺量和养护龄期为何值时，试样的剪切曲线中应力最大值，均会随着木质素纤维掺量的增加先变大后变小，木质素纤维掺量为 4% 时为最佳掺量。原因在于木质素纤维与土颗粒之间的物理胶结作用，使得土颗粒之间的连接性得到提高，同时又有着水泥的掺入，使得木质素纤维与土颗粒之间胶结的空隙得以填充，让试样的最大剪应力值进一步提高。

另一方面，试样剪切曲线在达到最大应力值前，其斜率绝对值却不符合剪应力的变化规律，其规律如下：当试样在任意养护龄期，未掺入水泥的情况下，剪切曲线在达到最大应力值前，其斜率随着木质素纤维掺量增加，先增加后减小，斜率较大值出现在木质素纤维掺量为 4% 或 6% 时。而当水泥掺入后，并在养护龄期为 1 d 或者 7 d 时，试样剪切曲线在达到最大应力值前，其斜率绝对值随着木质素纤维掺量增加而增加；但当养护龄期为 14 d 或 30 d 时，试样剪切曲线在达到最大应力值前，其斜率绝对值随着木质素纤维掺量增加而减小。斜率绝对值出现该变化规律，主要是因为在未掺入水泥时，木质素纤维掺入与土颗粒之间就可以形成物理作用的胶结，因而能够提高试样的强度，所以斜率值一直呈现变大趋势；而当有水泥加入后，在养护时间较小时，由于木质素纤维可以让水泥更早地提高强度，所以试样在养护 1 d 或 7 d 时，曲线斜率绝对值一直是随着木质素纤维增加而增加，但是当养护时间大于 7 d 后，水泥水化作用已经比较完全，试样因水泥作用刚度很大，试样呈现脆性，而木质素纤维的加入可以减弱试样脆性，所以试样在养护 14 d 或 30 d 时，试样斜率绝对值一直随着木质素纤维增加而减小，这一结论与第 3 章的结论相吻合。

而对于养护龄期，由图 5.5 ~ 图 5.8 可以看出，随着养护时间的增加，不论木质素纤维和水泥掺量为多少，剪切曲线的最大应力均得到提高，其主要原因是随着时间的增加，水泥水化作用更加完全，让土颗粒和木质素纤维胶结得更加紧密，从而使得剪切强度得到提高。

5.4 试样的抗剪强度曲线规律分析

当试样的剪应力-剪切位移图绘制完成后，通过在图像上找出每一个法向应力对应剪应力的峰值，即为抗剪强度。以法向应力 σ 为横坐标，抗剪强度 τ 为纵坐标，绘制 $\tau - \sigma$ 关系曲线，该曲线即试样的抗剪强度曲线。通过该曲线可以确定每个试样的黏聚力 c 和内摩擦角 φ。

本试验得到试样的抗剪强度曲线如图 5.9 所示。其中任意一幅图的变量为木质素纤维掺量，例如图 5.9(a) 表示的是试样在木质素纤维掺量为 0、2%、4%、6%、8%，水泥掺量为 0，养护时间为 1 d 情况下的抗剪强度曲线图。图 5.9(a) ~ (d)、(e) ~ (h)、(i) ~ (m) 这三组的任意一组内部的变量是养护龄期，组与组之间的变量是水泥掺量。从图 5.9 中任意一幅图可以看出，随着木质素纤维掺量的增加，抗剪强度先增大后减小，最佳掺量为 4%，该结论与前文一致，主要原因是木质素纤维与土颗粒之间会形成胶结作用，增加改良土的一体性。同时，养护时间和水泥掺量的增加，抗剪强度均呈现提高，此结果也与前文研究结论一致。另一方面，不论改良材料掺量的多与少，也不论养护时间的长与短，试样的抗剪强度与法向应力 σ 之间的关系呈现正相关，吻合抗剪强度公式（见式(5.2)），其中 c 为试样的黏聚力，是试样在法向应力为 0 kPa 时试样的抗剪强度，一般情况砂土黏聚力为 0 kPa；φ 为试样的内摩擦角。在素土中，黏聚力主要受素土的颗粒大小、含水率、密度、矿物成分等因素影响；在本研究中试样的黏聚力不仅受上述因素影响，还会受到木质素纤维掺量、水泥掺量、养护时间的影响。

$$\tau = c + \sigma \tan\varphi \qquad\qquad (5.2)$$

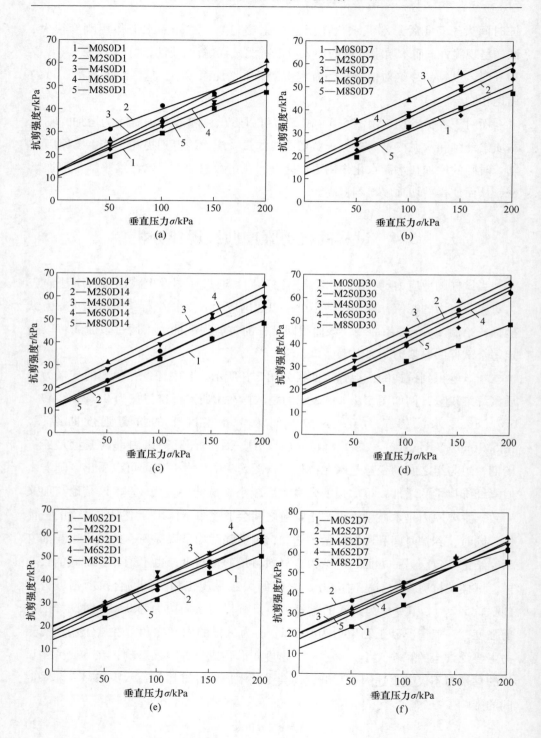

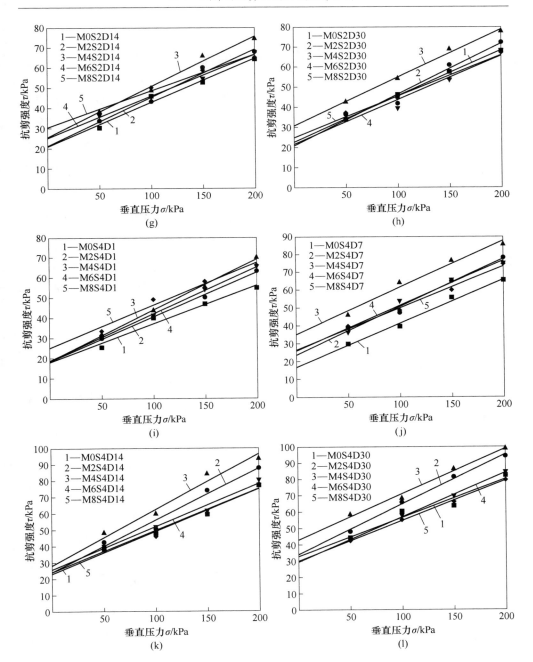

图 5.9 抗剪强度曲线

（a）S0D1；（b）S0D7；（c）S0D14；（d）S0D30；（e）S2D1；（f）S2D7；

（g）S2D14；（h）S2D30；（i）S4D1；（j）S4D7；（k）S4D14；（m）S4D30

5.5　试样的抗剪强度形成机理分析

由式（5.2）可知，试样的抗剪强度由内摩擦角构成的摩擦强度 $\sigma\tan\varphi$ 和黏聚力 c 构成的初始强度组成。并由 5.4 节结论可知，影响本试验中试样的抗剪强度，除了素土本身的物理性质之外，还与改良材料的掺量和试样的养护时间有着密切关系。图 5.10 和图 5.11 分别为木质素纤维掺量和水泥掺量对试样黏聚力和内摩擦角的影响关系曲线。

由图 5.10 可知，掺入木质素纤维改良后的试样随着木质素纤维掺量的增加，黏聚力 c 和内摩擦角 φ 的大小均呈现出先增大后减小的规律。关于黏聚力的变化的具体规律如图 5.10（a）、（c）、（e）所示，当养护的时间是 7 d 及以上时，随着木质素纤维掺量的增加，黏聚力先变大后变小，最大黏聚力出现在木质素纤维

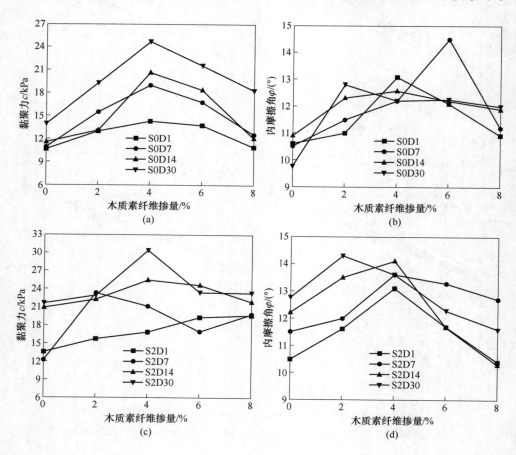

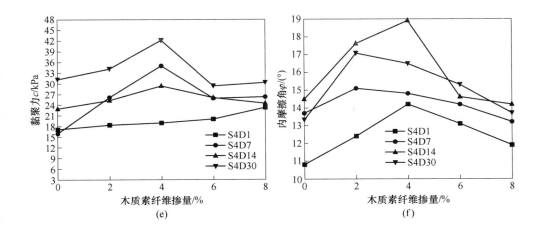

图 5.10　木质素纤维掺量对试样黏聚力和内摩擦角的影响

（a）（c）（e）水泥掺量为0、2%、4%时对黏聚力的影响；

（b）（d）（f）水泥掺量为0、2%、4%时对内摩擦角的影响

掺量为4%时。当养护时间为1 d，水泥掺量为0时，试样黏聚力最佳木质素纤维掺量在4%；水泥掺量为2%、4%时，黏聚力随着木质素纤维掺量的增加而变大，抗剪强度在木质素纤维掺量为4%、水泥掺量为4%时达到最值，为99 kPa。主要原因是未掺入水泥时，木质素纤维掺量过高可能存在内部自我成团的现象，导致黏聚力降低，而当水泥掺入后，水泥发生水化反应能够起到一定程度的固化作用。同时因为在养护初期，木质素纤维对水泥会起到早强作用，所以在养护1 d 的情况下，有水泥掺入黏聚力会随着木质素纤维掺量增加而增加。另一方面，木质素纤维掺量对内摩擦角的具体影响如图5.10(b)、(d)、(f) 所示，由图可知，随着木质素纤维掺量的增加，内摩擦角的度数先变大后变小，木质素纤维最佳掺量主要出现在2% ~4%上。木质素纤维掺量在4%及以下能够增加内摩擦角的度数，是因为纤维与土颗粒之间形成物理受力作用，使得试样的整体性变强，所以试样的摩擦系数就会变大；而当掺量大于4%时，内摩擦角开始减小，原因与上述分析的黏聚力减小应当一致。

由图5.11可知，当木质素纤维掺量不超过8%时，试样的黏聚力与水泥掺量均呈正相关；内摩擦角与水泥掺量基本呈正相关，但当木质素含量为6%和8%时，少数试样内摩擦角随水泥掺量增加呈先增后减的趋势。出现该结果是因为水泥的掺入会产生水化产物，进而提高试样的固化黏聚力。固化黏聚力取决于存在

颗粒之间的胶结物质的胶结作用，如游离的氯化物、铁盐、碳酸盐、有机质
等[86]。而本书试样中还掺有木质素纤维，水泥的加入使得木质素纤维和土颗粒
胶结进一步加强，进而使颗粒间黏聚力增加。试样内摩擦角增加的原因是木质素

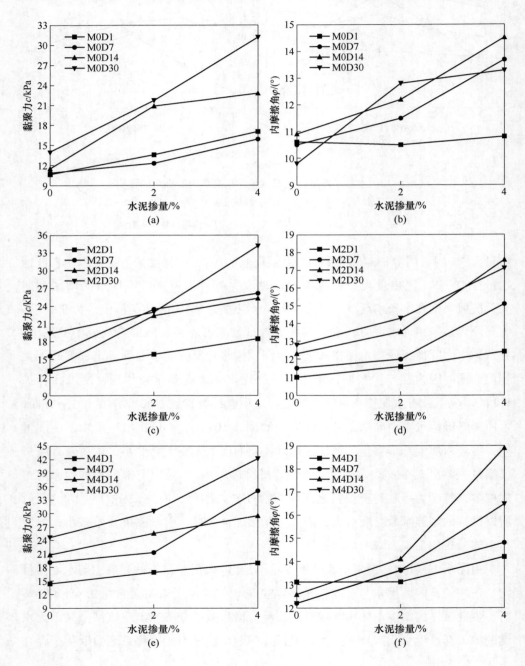

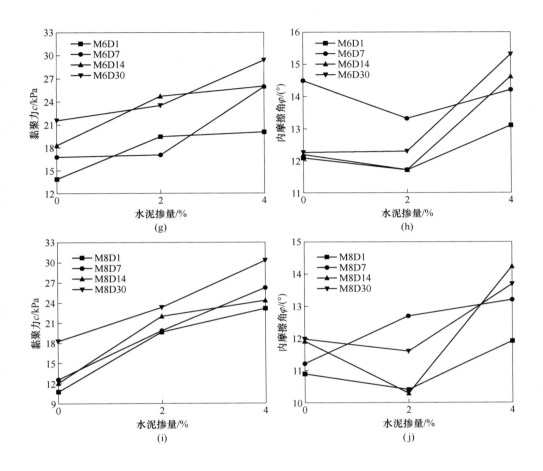

图 5.11 水泥掺量对试样黏聚力和内摩擦角的影响

（a）（c）（e）（g）（i）木质素纤维掺量为0、2%、4%、6%、8%时对试样黏聚力的影响；

（b）（d）（f）（h）（j）木质素纤维掺量为0、2%、4%、6%、8%时对试样内摩擦角的影响

纤维和水泥填充了土颗粒原有的孔隙，进而使得试样的咬合摩擦得以提升。当咬合摩擦提升后，土颗粒直接需要发生错位，所需要的力将会更大，从而提高土体的抗剪强度。

本章通过快速直接剪切试验，对木质素纤维-水泥改良土的试样抗剪强度性能进行了研究，主要从木质素纤维掺量、水泥掺量和养护龄期三个方面分析它们对改良土试样的抗剪强度曲线、黏聚力及内摩擦角的影响规律及影响机理。

6 木质素纤维-水泥改良土微观结构研究

对于原状土，其本身性质较为均匀，且材料一致，整体性较高；而试验研究的改良土中掺入了木质素纤维和水泥，两种材料均会与土颗粒产生胶结作用，从宏观方面便体现为提高试样的强度，而对于微观方面的机理研究较少。

近年来越来越多的科研团队开始使用扫描电子显微镜（SEM）对土体破坏前后内部微观结构进行观测。因此本章使用 SEM 对木质素纤维-水泥改良土的微观结构进行研究分析具有很强的必要性。通过微观结构的研究，能够进一步揭露改良土加固机理，让结论更具有可靠性。

6.1 SEM 试验方案与设备

6.1.1 SEM 试验方案

6.1.1.1 试样制备

SEM 试验的试样只需很小一块即可，同时为了能够直接观测试样破坏时破裂面的微观结构，因此选择第 3 章无侧限抗压强度中养护 30 d 后压缩破坏后的试样，如图 6.1 所示。通过修整破裂面，得到符合 SEM 试验的试样，再将得到的试样放入烘箱烘干，使其达到绝对干燥。

6.1.1.2 SEM 试验操作及后续处理

SEM 试验操作及后续处理步骤如下：

（1）将干燥处理后的试样固定于载物台上，再放置于喷金仪器中进行真空喷金，主要原因是 SEM 仪器扫描需要试样表面能够导电，而完全烘干的试样不能导电。

图 6.1 用于制备 SEM 试验的试样

（2）将喷金处理好后的试样放入试验仪器中，进行不同倍率下的观测，并拍摄观测结果图像用于后续的分析。

（3）通过微观观测过程中得到不同倍率下试样的图片，进行定性和定量两个方法展开微观结构分析，并得到相关结果。

6.1.2 试验仪器

本试验使用的仪器为东华理工大学国家重点实验室的场发射扫描电子显微镜，用该仪器来观测改良土内部因不同木质素纤维和水泥掺量引起的微观结构改变。

该扫描电子显微镜型号为 FEI Nova NanoSEM 450，如图 6.2 所示。仪器附件

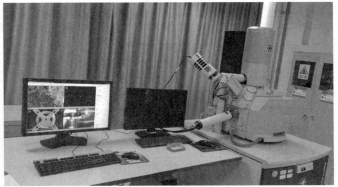

图 6.2 扫描电子显微镜

由 Inca Energy X-Max20 能谱仪、QUORUM Q150R S 自动离子溅射镀膜仪及 Gatan ChromaCL Ⅱ型阴极发光管组成。仪器将试验腔体内空气抽离，再利用阴极发光管发射电子束照射经过镀金的试样，根据电子的反射情况获取试样微观结构。该仪器的技术参数见表 6.1。

表 6.1　SEM 仪器参数

模　式	参　数
高真空模式	1.0 nm@ 15 kV
	1.8 nm@ 1 kV
	0.8 nm@ 30 kV（STEM 探测器）
低真空模式	1.5 nm@ 10 kV（Helix 探测器）
	1.8 nm@ 3 kV（Helix 探测器）
加速电压	200 V ~ 30 kV，连续可调
电子束流范围	0.3 pA ~ 100 nA，连续可调

6.2　木质素纤维-水泥改良土的微观结构定性分析

使用 SEM 获取到的图像，在不同的倍数下，可以观察到改良土具体的微观结构，主要包括试样在破坏后孔隙、土颗粒、土颗粒与水泥及木质素纤维的结构形态，同时也可以观察到水泥、木质素纤维与土颗粒之间的胶结作用，通过观测上述形态，对比分析不同木质素纤维及水泥掺量下，试样破坏后的微观结构，再与前文研究结果相比较。

图 6.3 为不同木质素纤维及水泥掺量在放大 3000 倍情况下试样的 SEM 图。图 6.3（a）开始，每连续 3 幅图代表着木质素纤维掺量相同，水泥掺量依次为 0、2%、4%，例如图 6.3（a）、（b）、（c）分别代表试样 M0S0、M0S2、M0S4 的 SEM 图。因此，由图 6.3 可知，随着水泥掺量的提高，试样的水化产物越来越多，使得土颗粒与水泥之间胶结的面积也更加的大，这样便大大地提高了土颗粒之间的黏结性，从宏观角度上便表现为，随着水泥掺量的提高，试样的无侧限抗压强度和抗剪强度大大地提高。另一方面，随着木质素纤维掺量的增加，试样的

土颗粒之间胶结效果开始逐渐增多，如图6.3(a)、(d)、(g)、(j)、(m) 所示。并且在这个过程中因为水泥的掺入，木质素纤维将作为土颗粒与水泥之间的中介，将三者胶结在一起，使得试样在破坏后不会出现较大的断裂面，这在宏观方面即体现为试样的脆性降低，延性增加。同时如图6.3(o) 所示，因为木质素掺量过高，又有着水泥的掺入，使得两者单独成团，未与土颗粒胶结，在宏观方面即表现为，在压缩过程中使得试样在该位置的强度过低，从而使得整个试样的强度大大减小。

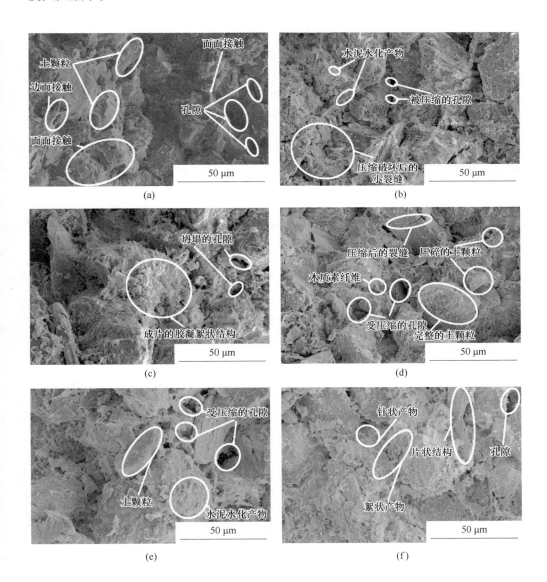

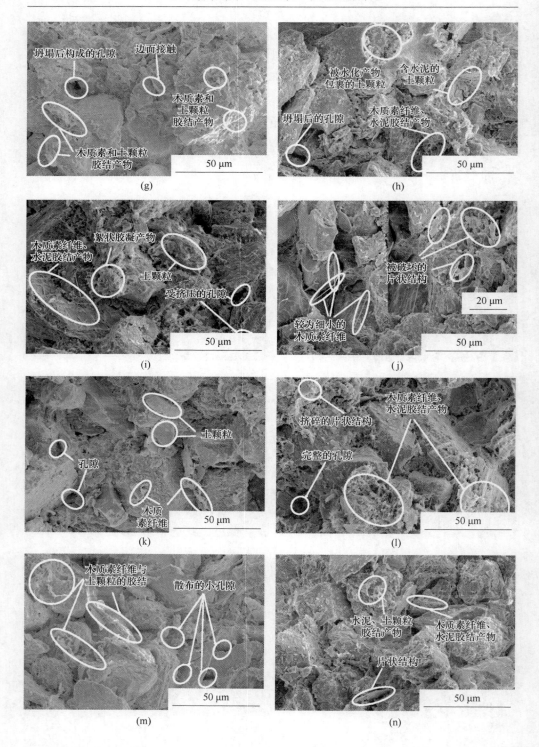

(g)　(h)

(i)　(j)

(k)　(l)

(m)　(n)

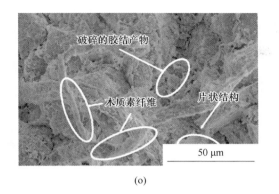

(o)

图 6.3　不同木质素纤维及水泥掺量在 3000 倍下试样的 SEM 图

(a) M0S0；(b) M0S2；(c) M0S4；(d) M2S0；(e) M2S2；

(f) M2S4；(g) M4S0；(h) M4S2；(i) M4S4；(j) M6S0；

(k) M6S2；(l) M6S4；(m) M8S0；(n) M8S2；(o) M8S4

6.3　基于 IPP 软件的土体微结构定量分析方法

6.3.1　IPP 软件和研究对象的选取

在上一节中对木质素纤维-水泥改良土试样进行了 SEM 定性分析，本小节将对试样的 SEM 图像进行定量分析。开展定量分析必须借助相关软件，在现阶段科研中，可进行定量分析的软件主要有 Matlab、Image Pro Plus、Photoshop 等。综合考虑实际操作难度，以及本书需要达到的分析目的，最终选择 Image Pro Plus（简称 IPP）对 SEM 图像进行定量分析。该软件有 56 种分析选择，使用者可以根据自己需要分析的对象进行合理选择。本试验从各个方面考虑后，着重选择了以下几种方法进行试样 SEM 图像的颗粒和孔隙分析：

（1）角度（angle）：与对象等效的椭圆（即一个有着相同面积、相同一阶矩和二阶矩的椭圆）的长轴与竖轴间的夹角，$0° \leqslant 角度 \leqslant 180°$，默认垂直角度为 $0°$。

（2）区域面积（area）：选中区域的面积，用来测量孔隙和颗粒面积。

（3）平均直径（diameter(mean)）：测量对象的直径（连接轮廓上两点并穿过形心）平均长度（每隔两度测量一次），用于分析孔隙及颗粒的直径变化。

（4）最大/最小直径（diameter（max/min）)：连接轮廓上两点并穿过形心的最长/最短直线的长度，用于分析孔隙和颗粒的丰度。

根据土的微观结构的定义，通过对 IPP 中所得参数进行统计处理，选择 4 个方面描述土微观结构颗粒及孔隙的参数。各参数的意义及确定方法如下[87]。

（1）定向频率：孔隙和颗粒的定向性在 0°～360°范围内是镜像对称的，因此只需统计 0°～180°内即可。进一步将 0°～180°区间按照每 20°一个区间进行划分，那么每个区间中土体孔隙或颗粒所占总孔隙或颗粒的比例即定向频率。

（2）孔隙/颗粒所占比例：将 SEM 图像划分为孔隙和颗粒，通过 IPP 软件计算图像面积内孔隙或试样的面积，再比上总面积，计算出各自所占比例，进而可以探明木质素纤维和水泥掺入对试样孔隙或颗粒所占面积的变化。

（3）平均直径：使用 IPP 软件分析得出图像上孔隙或颗粒的平均直径，再通过等价的方式得到与其面积相等圆的直径。进而统计出在不同粒径或孔径范围下平均直径所占比例，以此为依据，分析木质素纤维和水泥掺量的改变对试样微观结构中粒径和孔径的影响。

（4）丰度：丰度 C 是指颗粒或孔隙的短轴和长轴之比（见式（6.1））。

$$C = \frac{r}{R} \tag{6.1}$$

式中　　R——椭圆形的长轴长度；

　　　　r——椭圆形的短轴长度。

丰度表示颗粒或孔隙在二维平面中的几何形状。丰度值在 0～1 之间，C 值越小，表明孔隙或颗粒更加趋于椭圆形，C 值越大表明颗粒或孔隙渐趋等轴。

6.3.2　IPP 软件处理 SEM 图像的步骤

IPP 软件处理 SEM 图像的步骤如下：

（1）图像二值化处理：在扫描电子显微镜下，获取到试样在指定倍数下的图像（见图 6.4），此时图像上肉眼可以较为直观地看到孔隙或颗粒，但不能对两者间具体的分界面做出定义。在软件进行计算时，也需要让软件能够明确知道孔隙和颗粒的区别，进而分别对孔隙和颗粒做出计算。相关学者便提出对图像进行二值化处理，继而使得软件可以顺利地进行计算。二值化处理指的是将 SEM 图像通过软件处理，使其只有绝对的黑色和绝对的白色两种颜色，其中黑色表示孔隙，白色表示土颗粒。这样区分是因为在扫描过程中，孔隙反射的光比颗粒更少，因而在图片上孔隙会显得更黑。不过这种处理方法忽略了试样具有三维结构，是直接对颗粒和孔隙取平均值的方法，图 6.4 二值化后如图 6.5 所示，其原理图如图 6.6 所示。

50 μm

图 6.4 SEM 下试样的图像

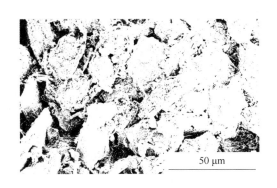

50 μm

图 6.5 二值化后试样的图像

（2）图像预处理：在图像二值化后需要对图像进行预处理，主要内容包括对图像进行修剪、定标等工作。主要目的是剪切掉后续分析不用的部分，以及按需求调整图像亮度、对比度、饱和度及滤镜等，使得在测量时具有良好的显示效果。定标工作主要是通过 SEM 图像上已有的标尺，让软件明确图像中多少长度为单位长度，该步骤极为重要，定标错误将导致后续的数据均错误。同时因为本次分析所用图像均在同一倍数下，因此只需要进行一次定标，后续可以直接调用。图像预处理工作如图 6.7 所示。

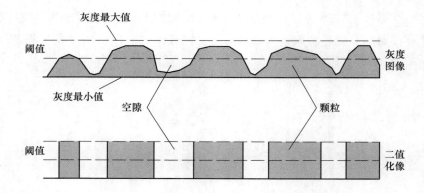

图 6.6　二值化处理原理图

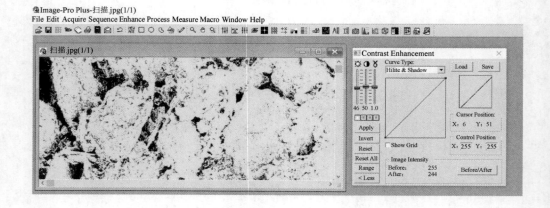

图 6.7　图像预处理示意

（3）图像选区工作：本分析过程中图像的选区指的是选择孔隙或者颗粒进行分析。如图 6.8 所示，在选区的过程中为了尽可能地减少误差，本步骤选择 Histogram Based 中的 HIS 色彩模型进行选区操作，而在选择过程中，现阶段该软件现还不能完全自主选择，因此"目视分割法"仍是确定阈值较为常用的方法。在划分时因为不同图像亮度存在着一定差异，但是还是尽可能使得所有图像的阈值在较为接近的范围内，进而减小区域划分步骤上的误差。

（4）图像各个参数测定：当区域选定后，便可进行所需要的参数测定。在软件的 Count/Size 界面 Measure 选项卡 Select Measurements 中选取要图像分析测量的参数，如图 6.9 所示，本书根据需求选定了角度、区域面积、平均直径、最

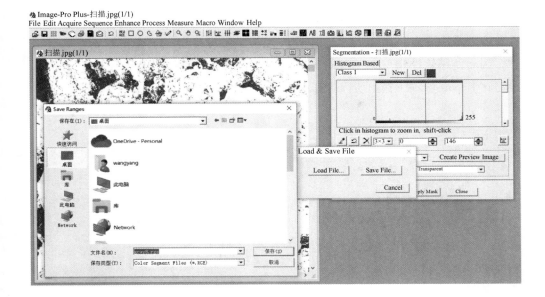

图 6.8 阈值选区操作示意

大或最小直径，在设定完成后点击 Count 开始测定。为了屏蔽图像中的一些图像噪点，提高图像分析精度，此次研究的颗粒面积起始值设定为 0.01 mm。

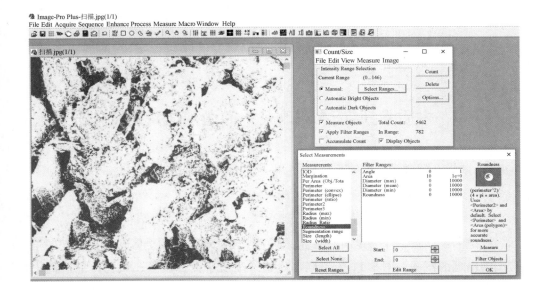

图 6.9 选择测定参数示意

（5）导出数据：在所有参数测定结束后，可以通过 View 选项卡进行数据查看。但因本次测定有多张图片，并且还有其他值需要通过基本参数进行换算得到，因而使用软件中 Data collector 选项卡，统一选择参数及操作（见图 6.10），最后在 Export 选项下输出所需数据。

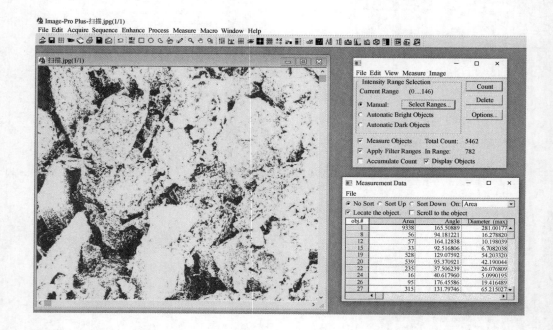

图 6.10　数据收集示意

6.4　木质素纤维–水泥改良土的微观结构定量分析

6.4.1　试样孔隙微观结构的定量分析

6.4.1.1　孔隙定向性分布变化规律

孔隙的定向频率作为定向性指标，能够比较直观地反映土体孔隙在各定向角范围内出现的概率。图 6.11 为不同木质素纤维及水泥掺量下，试样压缩后的土样定向频率分布情况。由图可以看出，对于素土的孔隙，在各个定向角范围内出现的频率比较不均匀，其在 20°～40°、80°～100°、160°～180°区间内的定向频率比较占优势，定向性较为明显。而随着木质素纤维掺入，试样各个区间下定向角所占的比例较为均匀，没有某一个区间较其他区间所占比例高出很多，说明随着木质素纤维的掺入，使得试样的定向角趋于均匀，如图6.11(a) 所示。

如图6.11(b)、(c) 所示，随着水泥的掺入，试样的各个区间方向角所占比例发生了变化，当水泥掺量较小时，木质素掺量也较小时，试样各个区间方向角所占比例较为均匀，而当木质素纤维掺量较高时，试样在80°～160°区间上较有优势。当水泥掺量较高时，如图6.11(c) 所示，不同区间方向角的分布情况与未掺水泥试样较为一致。由此可以看出，木质素纤维和水泥的掺入随着掺量的改变，会影响着试样孔隙定向角度的分布情况。

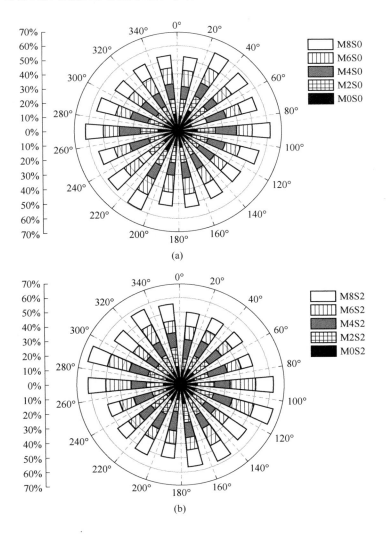

(a)

(b)

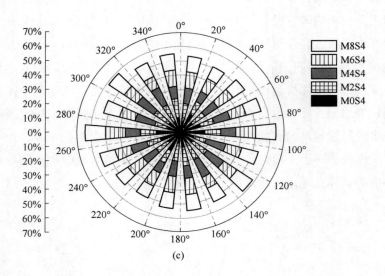

(c)

图 6.11　不同木质素纤维及水泥掺量下试样的孔隙方向角分布

（a）水泥掺量 0；（b）水泥掺量 2%；（c）水泥掺量 4%

6.4.1.2　孔隙面积占试样总面积变化规律

试样孔隙占总面积的比例在一定程度上反应试样在宏观方面上的密实程度。图 6.12 为不同木质素纤维及水泥掺量下试样的孔隙面积占总面积比例。

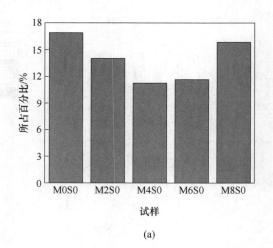

(a)

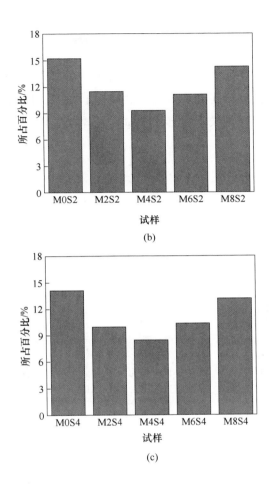

图 6.12 不同木质素纤维及水泥掺量下试样的孔隙面积占总面积比例

(a) 水泥掺量 0；(b) 水泥掺量 2%；(c) 水泥掺量 4%

由图 6.12(a) 可知，随着木质素纤维掺量的增加，试样孔隙面积占总面积的比例先减小后增加，当木质素纤维掺量为 4% 时，孔隙所占面积最小，约 10.7%。孔隙面积所占比例较小，在宏观上则表现为强度更高，该结论也与第 3 章的结论不谋而合。同时由图 6.12 可知，纵向对比，随着水泥掺量的增加，试样孔隙所占的比例也逐渐地降低，其原因是水泥水化产物将部分孔隙进行填充，使得试样孔隙减少，同样该现象在宏观方面上体现为随着水泥掺量的变大，试样的强度提高。

6.4.1.3 孔隙平均直径变化规律

木质素纤维水泥改良土在压缩过程中，因外荷载作用必将会使得土骨架受到挤压，破坏土颗粒之间的孔隙并被挤压密实，所以原有固定的土骨架结构会发生重组，而这一过程中将会涉及孔隙的挤压、拉升、闭合、湮灭等一系列复杂变化。不同木质素纤维及水泥掺量下试样孔隙的平均直径变化规律如图6.13所示。

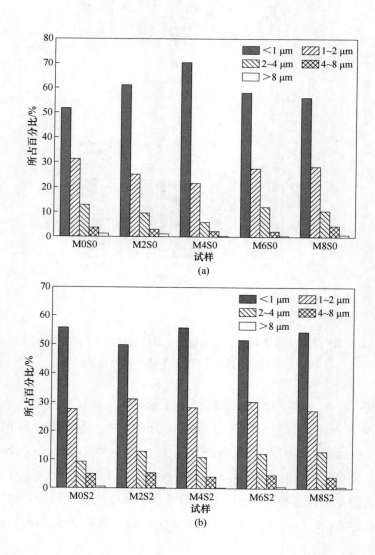

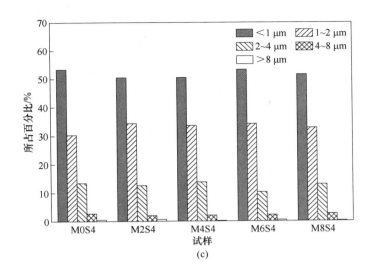

图 6.13 不同木质素纤维及水泥掺量下试样的孔隙平均直径变化规律

(a) 水泥掺量 0；(b) 水泥掺量 2%；(c) 水泥掺量 4%

由图 6.13 可知，改良土试样的孔隙平均直径主要分布于 2 μm 以内，并且近 50% ~60% 孔隙的平均直径主要分在 1 μm 以内，随着水泥掺量的增加，压缩破坏后小孔隙数量减少了，1~2 μm 和 2~4 μm 孔隙所占比例增加。出现该现象主要是因为随着水泥掺量的增加，土体的强度得到了增加，从而使得试样在被破坏时，原有较大的孔隙并未被直接挤压成小孔隙或者直接湮灭掉。但是压缩后大于 8 μm 的孔隙基本不存在，它们被挤压成较小的孔隙了。另一方面，试样只掺入木质素纤维时，小孔隙所占百分比随着木质素纤维掺量的增加先变大后变小，主要是因为在 4% 木质素纤维掺量时较为适宜，试样在压缩前存在的大孔隙便不多，基本被木质素纤维与土颗粒胶结填充。而通过木质素纤维和水泥复合掺入，使得试样的大孔隙得以减少，进而在宏观上体现出试样的强度得以提高。

6.4.1.4 孔隙丰度变化规律

土体微观结构中，孔隙的丰度变化反映出孔隙的形状，丰度的值时介于 0~1 之间。当丰度值趋于 1 时，表示孔隙的形状趋于球形；当丰度值趋于 0 时，表示孔隙的形状趋于长轴远远大于短轴的椭球体。图 6.14 为不同木质素纤维及水泥掺量下试样的孔隙丰度变化规律，由图可知试样的丰度值主要集中在 0.2～0.5 之间，其次为 0.1～0.2、0.5～0.6 的区间内，区间 0～0.1、0.6～1.0 内孔隙数量较少。这一现象表明孔隙主要以长轴和短轴之比为 1/5～1/2 椭球体为主，其他类型所占比例较少。同时对比不同木质素纤维和水泥掺量下试样孔隙丰度变化规律可以发现，表现出来的数据结构与木质素纤维和水泥掺量未体现直接联系，即木质素纤维和水泥对试样孔隙的丰度没有明显影响。

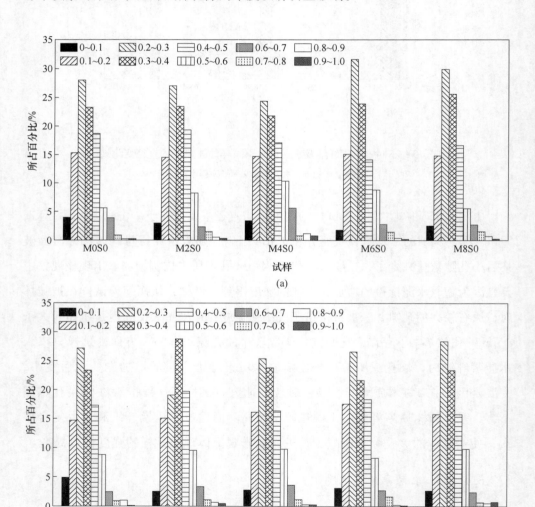

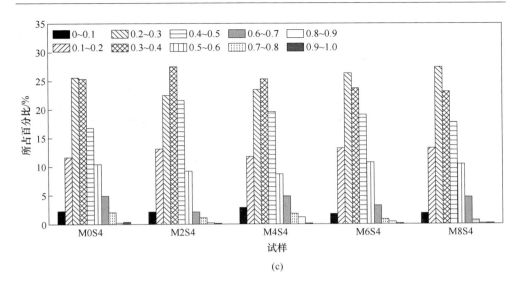

(c)

图 6.14 不同木质素纤维及水泥掺量下试样的孔隙丰度变化规律

（a）水泥掺量 0；（b）水泥掺量 2%；（c）水泥掺量 4%

6.4.2 试样颗粒微观结构的定量分析

6.4.2.1 土颗粒定向性分布变化规律

如图 6.15 所示为土颗粒定向角的分布，可见对于土颗粒而言，素土方向角

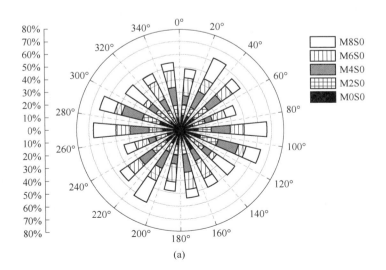

(a)

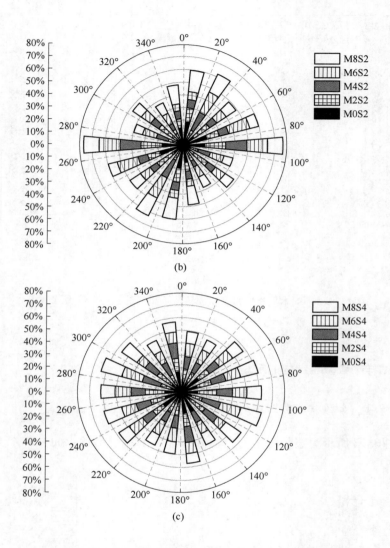

图 6.15　不同木质素纤维及水泥掺量下试样的颗粒方向角分布规律
(a) 水泥掺量 0；(b) 水泥掺量 2%；(c) 水泥掺量 4%

分布在 100° ~ 120°区间内的颗粒占优势，具有一定的定向性特征。如图 6.15(a) 所示，随着木质素纤维掺量增加，颗粒的定向性发生改变，在其掺量为 4% 时，颗粒在 20° ~ 40°、80° ~ 120°、160° ~ 180°方向角区间范围内占多数；当掺量为 6% 时，颗粒在 0° ~ 20°、140° ~ 180°方向角区间范围内占多数；当掺量为 8% 时，颗粒在 20° ~ 40°、80° ~ 100°、120° ~ 140°方向角区间范围内占多数，可见木质素掺量的改变对试样颗粒的方向键是存在影响的。

另一方面，如图 6.15(b)、(c) 所示，随着水泥掺量的改变，当水泥掺量为 2% ，颗粒在 0°~20°、20°~40°、80°~100°方向角区间范围内占多数，并且不同分布区间所占比例的差异性较大；当水泥掺量为 4% 时，颗粒的方向角差异性表现得较小，只在 80~120°方向角区间范围内所占比例略多于其他区间。

6.4.2.2 土颗粒平均直径变化规律

试样在压缩过程中，势必会导致土骨架发生局部或整体的相对移动、局部的拉伸或挤压密实等，因而将会导致土体结构、颗粒直径的变化。而不同木质素纤维及水泥掺量下，引起土骨架变化的程度不同，对最后粒径大小的分布也不同。

图 6.16 为不同木质素纤维及水泥掺量下，试样的颗粒平均直径变化规律，由图 6.16(a) 所示，素土试样在压缩后，颗粒平均粒径主要分布在小于 1 μm 范围内，占比达到 58.6%，而颗粒平均粒径大于 8 μm 的占比只有 1.5%，主要原因是素土本身强度不够，在压缩过程中土骨架基本发生重组，使得小粒径颗粒所占比例较高。同时，随着木质素纤维和水泥的掺入，试样在压缩后，颗粒平均粒径小于 1 μm 的占比降低，颗粒平均粒径 1~2 μm、2~4 μm、4~8 μm、大于 8 μm 的占比均有所提升。

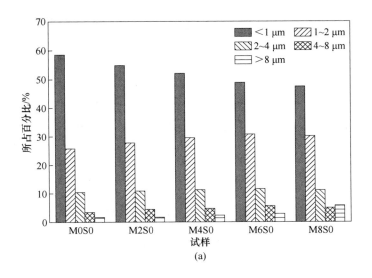

(a)

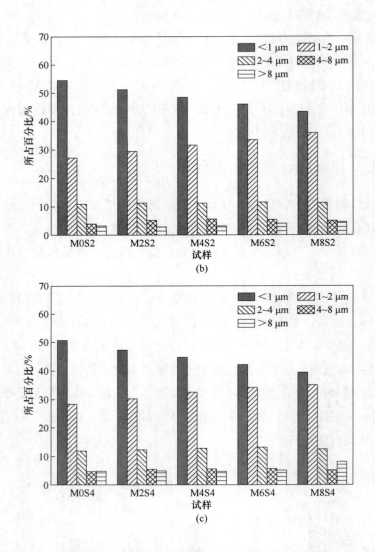

图 6.16   不同木质素纤维及水泥掺量下试样的颗粒平均直径变化规律

（a）水泥掺量 0；（b）水泥掺量 2%；（c）水泥掺量 4%

6.4.2.3 土颗粒丰度变化规律

土颗粒丰度的变化情况能直观反映其圆润或者狭长程度，丰度值越大代表颗粒越圆润。图 6.17 为不同木质素纤维及水泥掺量下，试样的颗粒丰度变化规律，由图可知，素土在压缩后，颗粒的丰度主要集中在 0.2 ~ 0.5 之间，占比高达

79.1%，此时颗粒表现出来的形状主要为长轴和短轴之比为 1/5 ~ 1/2 之间的椭球体。如图 6.17(a) 所示，随着木质素纤维的掺入，颗粒的丰度开始发生变化，主要集中在 0.1 ~ 0.6 之间，占比高达 95.1%，此时形态为狭长型和圆润型的颗粒均有所增加，颗粒的形态丰富度大大增加，结合土力学中粒径级配可以知道，粒径分布均匀更有利于提高土的强度。如图 6.17(b)、(c) 所示。当水泥掺入后，颗粒丰度分布情况趋于"山"字形，在丰度在 0.2 ~ 0.5 区间上较高，占比一般在 60% 左右，其他区间依次减少分布，此时颗粒粒径分布较之只掺入木质素纤维时更加均匀，更有利于试样提高强度。

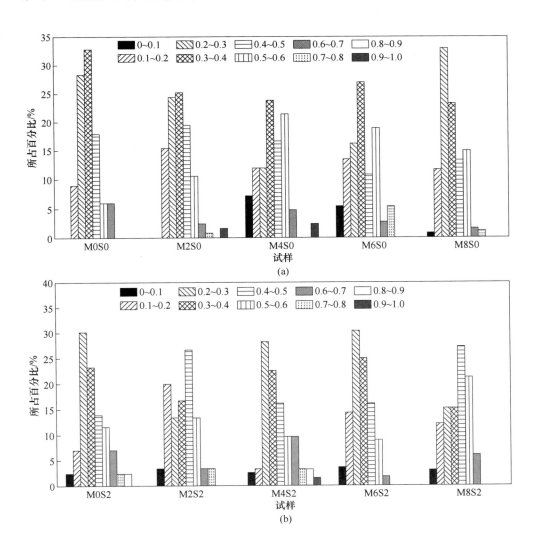

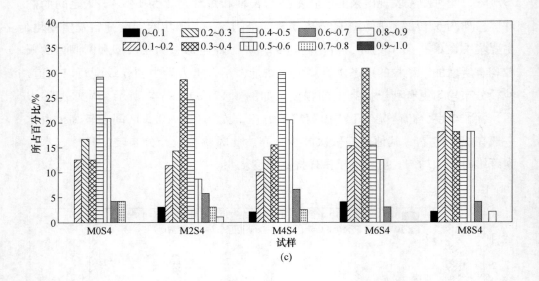

图 6.17　不同木质素纤维及水泥掺量下试样的颗粒丰度变化规律

（a）水泥掺量 0；（b）水泥掺量 2%；（c）水泥掺量 4%

　　本章主要对不同木质素纤维及水泥掺量下，试样在压缩后进行 SEM 观测，进而从定性和定量两个角度，分析试样的微观结构因各个材料掺量不同引起的差异和结构参数的变化，并得出相应结论。

7 结论与展望

7.1 结 论

本书立足于城市化进程中地下轨道系统建设所产生的大量工程废弃土如何合理有效处置的工程实际，着眼于木质素纤维-水泥改良土的强度特性、变形特性及微观结构，通过室内试验（无侧限抗压强度试验、侧限压缩试验、直接剪切试验及微观扫描试验）及理论分析等手段，大致探明了木质素纤维掺量、水泥掺量、养护龄期对改良土物理力学性质和微观结构的影响及其各改良材料对改良土强度特性、变形特性及微观结构的内在机理。主要结论如下：

（1）改良土的渗透特性随木质素纤维掺量增加而增加，渗透系数 k 值由素土的 4.300×10^{-6} cm/s 最大增加至 5.775×10^{-6} cm/s，渗透特性提高了 35%；k 随水泥掺量的增加而减小，最小为 2.386×10^{-6} cm/s，渗透特性显著降低。其导热性随木质素纤维掺量而逐渐减小，导热系数由素土的 0.51 W/(m·K) 减小至 0.3 W/(m·K)，导热性降低了 41%；λ 与水泥掺量呈开口向下的二次函数关系，当水泥掺量为 2% 时 λ 时最大，为 0.76 W/(m·K)，导热性提高了 49%。

（2）当养护龄期一定时，随着木质素纤维掺量的增加，改良土的无侧限抗压强度呈先增大后减小的趋势。当养护龄期为 30 d，水泥掺量为 0，木质素最优掺量为 4%，改良土强度可达 180 kPa，改良前后土体强度增加约 80%。通过改良土的应力-应变曲线，发现随着木质素纤维掺量的提高，试样的韧性提高，破坏时裂缝长度变小，此现象在水泥掺入的试样中更为显著。改良土的无侧限抗压强度均随水泥掺量及养护龄期增加而增加，并发现木质素纤维和水泥同时掺入时，木质素纤维让水泥更快地发生水化反应，早期强度提高较快。

（3）改良土的压缩应变 ε 和孔隙比变化率 $(e_0 - e)/e_0$ 随着水泥掺量增加而减小；随着木质素纤维掺量增加而增加，但掺量大于 4% 增加量较为显著。当法向应力在 0.2 ~ 1.6 MPa 时，改良土的应力应变关系在半对数坐标系上呈线性变化，可由 $\lg p = E'_s \varepsilon$ 表示。在 $e\text{-}\lg p$ 曲线中，改良土的孔隙比随着法向应力的增大呈线性减小，其曲线的斜率值为改良土的压缩系数 C_c，接近于一个常量，不随法向应力、木质素纤维及水泥掺量的变化而变化，$C_c = \dfrac{\Delta e}{\Delta(\lg p)}$。

（4）不论木质素纤维和水泥掺量为何值，改良土的抗剪强度与法向应力 σ 均呈正相关，吻合黏土的抗剪强度公式 $\tau = c + \sigma \tan\varphi$。改良土的黏聚力和内摩擦角随着木质素纤维掺量增加，呈现先变大后变小的规律，最佳掺量在 2% ~ 4% 区间上；改良土的黏聚力和内摩擦角随着水泥掺量和养护龄期的增加而增加。抗剪强度在木质素纤维掺量为 4%，水泥掺量为 4%，养护龄期为 30 d 时达到最值，为 99 kPa。

（5）对改良土微观结构定性分析，即在 SEM 放大 3000 倍的观测下，发现改良土在水泥掺入后，有着明显的水化产物；同时在木质素纤维掺入后，压缩产生的断裂面会变小，并且有明显的木质素纤维与土颗粒之间的胶结现象，在木质素纤维掺量较高时还存在着自我成团的现象。宏观上体现为木质素纤维及水泥掺入后强度可以提高，且在木质素纤维掺量较高时强度会降低；同时木质素纤维掺入后试样压缩破坏过程中脆性降低，韧性增加。

（6）对改良土微观结构定量分析，即对试样在放大 3000 倍下的图像使用 IPP 软件进行土体孔隙和颗粒的定向性、平均直径、丰度和面积占比分析。分析结果表明，改良土压缩后，孔隙的定向性随着木质素纤维的掺入而减弱，随着水泥的掺入而增强；颗粒的定向性随着木质素纤维的掺入而增强，随着水泥的掺入先增强后减弱。孔隙的平均直径随着木质素纤维的掺入而逐渐集中于粒径小于 1 μm 范围内，随着水泥掺量的增加，孔隙平均直径 1 ~ 2 μm 和 2 ~ 4 μm 所占比例增加；颗粒的平均直径随着木质素纤维及水泥掺量的增加，小于 1 μm 颗粒所占比例逐渐减小，大于 1 μm 所占比例逐渐增加。孔隙的丰度随着木质素纤维及水泥掺量的增加，主要集中在 0.2 ~ 0.5 区间上；颗粒的丰度随着木质素纤维的掺入主要集中在 0.1 ~ 0.6 之间，随着水泥掺入颗粒丰度分布呈现"山"字形。孔隙的面积占比随着木质素纤维掺量的增加，先减小后增大，掺量 4% 时最小，随着水泥掺量的增加而减小。

7.2　研究展望

针对本书中研究的不足，提出几点展望：

（1）鉴于含水率对土体的物理力学性质和微观结构可能有较大影响，但内容所限，本书尚未探明含水率与木质素纤维掺量影响土体强度之间的规律。因而后续工作中可以设置不同变量的含水率和木质素纤维掺量开展试验研究。

（2）本书木质素纤维配比设置的跨度较大，在试验研究中发现最佳配比可能会在 2% ~ 4% 区间上，因此在后续工作中可以在区间 2% ~ 4% 上展开试验研究。

参 考 文 献

［1］吴英彪，石津金，刘金艳，等．建筑垃圾资源化利用技术与应用——道路工程［M］．北京：中国建筑工业出版社，2019.

［2］陈荣淋．工程废土在新型生土基保温空心砖中的资源化应用研究［D］．泉州：华侨大学，2020.

［3］胡晓军，吴延枝．膨胀土改良技术研究综述［J］．合肥学院学报（自然科学版），2014，24（4）：80-85.

［4］KARAMI H, POONI J, ROBERT D, et al. Use of secondary additives in fly ash based soil stabilization for soft subgrades［J］. Transportation Geotechnics, 2021, 29：100-109.

［5］刘铭杰．麦秸秆、石灰改良粉土的强度特性研究［D］．北京：北京建筑大学，2021.

［6］MSIZ A, MH A, LING S, et al. Effect of optimum utilization of silica fume and eggshell ash to the engineering properties of expansive soil［J］. Journal of Materials Research and Technology, 2021, 352：55-65.

［7］李明东，LIN L，张振东，等．微生物矿化碳酸钙改良土体的进展、展望与工程应用技术设计［J］．土木工程学报，2016，49（10）：80-87.

［8］MZ A, AAK A, ZG B, et al. Evaluation of fracture resistance of asphalt concrete involving calcium lignosulfonate and polyester fiber under freeze-thaw damage［J］. Theoretical and Applied Fracture Mechanics, 2022, 117：1-13.

［9］韩东．镁渣木质素纤维复合抹灰砂浆的性能研究［D］．银川：宁夏大学，2017.

［10］邓宇，任吉，谭春雷，等．木质素纤维掺量对轻质混凝土试块的性能影响研究［J］．混凝土，2020（5）：141-144.

［11］黄建新．水泥改良粉质粘土的冻土力学特性研究［D］．徐州：中国矿业大学，2017.

［12］胡博，王欣华．天津某既有住宅加装电梯地基处理应用［J］．施工技术，2020，49（S1）：225-227.

［13］YAMASHITA E, CIKMIT A A, TSUCHIDA T, et al. Strength estimation of cement-treated marine clay with wide ranges of sand and initial water contents［J］. Soils and Foundations, 2020, 60（5）：1065-1083.

［14］艾志伟，邓通发．水泥土强度的影响因素研究进展［J］．公路，2014，59（1）：195-199.

［15］张莹莹，刘飞．公路工程不良路基土常用水泥固化剂综述［J］．价值工程，2015（18）：110-112.

［16］李悦，李学辉，李战国．固化吹填泥砂混合物的力学性能与微观结构分析［J］．北京工

业大学学报，2013，39（6）：881-885.

[17] KANIRAJ S R, HAVANAGI V G. Compressive strength of cement stabilized fly ash-soil mixtures [J]. Cement & Concrete Research, 1999, 29 (5): 673-677.

[18] 武庆祥，彭丽云，龙佩恒. 石灰、水泥对粉土的改良研究 [J]. 公路，2015，60（9）：14-19.

[19] 闫爱军. 水泥改良黄土状土的试验研究 [J]. 水资源与水工程学报，2015，26（5）：225-228.

[20] 颜胜才. 水泥改良土的物理力学特性试验研究 [J]. 铁道建筑，2015（4）：107-109.

[21] 陈乐求，张家生，陈俊桦，等. 水泥改良泥质板岩粗粒土的静动力特性试验 [J]. 岩土力学，2017，38（7）：1903-1910.

[22] 商拥辉，徐林荣，蔡雨，等. 重载铁路循环动载下水泥改良膨胀土路基动力特性 [J]. 中国铁道科学，2019，40（6）：19-29.

[23] 王运周，李植淮，李连友，等. 水泥改良察尔汗超氯盐渍土强度试验研究 [J]. 公路，2016，61（4）：14-18.

[24] 张齐齐，王家鼎，刘博榕，等. 水泥改良土微观结构定量研究 [J]. 水文地质工程地质，2015，42（3）：92-96.

[25] 陈伟，侯宇宙，陈捷. 崩解性砂岩-水泥改良膨胀土物理力学特征及微观机理研究 [J]. 水利水电技术（中英文），2021，52（8）：132-140.

[26] HORPIBULSUK S, MIURA N, NAGARAJ T S. Clay-water/cement ratio identity for cement admixed soft clays [J]. Journal of Geotechnical & Geoenvironmental Engineering, 2005, 131 (2): 187-192.

[27] ZENTAR R, WANG D, ABRIAK N E, et al. Utilization of siliceous-aluminous fly ash and cement for solidification of marine sediments [J]. Construction & Building Materials, 2012, 35: 856-863.

[28] 李金蓉. 木质素-玄武岩纤维改良膨胀土工程特性试验研究 [D]. 绵阳：西南科技大学，2021.

[29] 唐朝生，施斌，高玮，等. 含砂量对聚丙烯纤维加筋黏性土强度影响的研究 [J]. 岩石力学与工程学报，2007（S1）：2968-2973.

[30] 吴景海，陈环，王玲娟，等. 土工合成材料与土界面作用特性的研究 [J]. 岩土工程学报，2001（1）：89-93.

[31] 牛巍崴. 冻融循环作用下玄武岩纤维-水泥改良土力学特性研究 [D]. 北京：北京交通大学，2019.

[32] CRISTELO N, CUNHA V M C F, DIAS M, et al. Influence of discrete fibre reinforcement on the uniaxial compression response and seismic wave velocity of a cement-stabilised sandy-clay

[J]. Geotextiles & Geomembranes, 2015, 43 (1): 1-13.

[33] 高磊, 胡国辉, 杨晨, 等. 玄武岩纤维加筋黏土的剪切强度特性 [J]. 岩土工程学报, 2016, 38 (S1): 231-237.

[34] BOTERO E, OSSA A, SHERWELL G, et al. Stress-strain behavior of a silty soil reinforced with polyethylene terephthalate (PET) [J]. Geotextiles & Geomembranes, 2015, 43 (4): 363-369.

[35] GAO L, HU G, XU N, et al. Experimental Study on Unconfined Compressive Strength of Basalt Fiber Reinforced Clay Soil [J]. Advances in Materials Science and Engineering, 2015, 2015: 1-8.

[36] 庄心善, 余晓彦. 石灰-玄武岩纤维改性膨胀土强度特性的试验研究 [J]. 土木工程学报, 2015, 48 (S1): 166-170.

[37] 李丽华, 万畅, 梅利芳, 等. 玻璃纤维水泥土无侧限抗压强度特性研究 [J]. 武汉大学学报 (工学版), 2018, 51 (3): 252-256.

[38] 李丽华, 万畅, 刘永莉, 等. 玻璃纤维加筋砂土剪切强度特性研究 [J]. 武汉大学学报 (工学版), 2017, 50 (1): 102-106.

[39] ESTABRAGH A R, NAMDAR P, JAVADI A A. Behavior of cement stabilized clay reinforced with nylon fiber [J]. Geosynthetics International, 2012, 19 (1): 85-92.

[40] 周超云, 汪时机, 李贤, 等. 水玻璃和玻璃纤维联合改良砂质黏性紫色土抗剪强度研究 [J]. 土壤学报, 2019, 56 (3): 592-601.

[41] 姜恒超, 李青林, 杨志勇, 等. 玻璃纤维水泥改良土劈裂抗拉强度试验研究 [J]. 铁道科学与工程学报, 2019, 16 (11): 2742-2747.

[42] 戴文亭, 司泽华, 王振, 等. 剑麻纤维水泥加固土的路用性能试验 [J]. 吉林大学学报 (工学版), 2020, 50 (2): 589-593.

[43] BUTT W A, MIR B A, JHA J N. Strength behavior of clayey soil reinforced with human hair as a natural fibre [J]. Geotechnical and Geological Engineering, 2016, 34 (1): 411-417.

[44] BABU G L S, VASUDEVAN A K, HALDAR S. Numerical simulation of fiber-reinforced sand behavior [J]. Geo-textiles &. Geomembranes, 2008, 26 (2): 181-188.

[45] WU Y K, LI Y B, NIU B. Investigation of mechanical properties of randomly distributed sisal fiber rein-forced soil [J]. Materials Research Innovations, 2015, 18 (S2): 953-959.

[46] MOREL J C, GHAVAMI K, MESBAH A. Theoretical and experimental analysis of composite soil blocks reinforced with sisal fibres subjected to shear [J]. Masonry International, 2000, 13 (2): 15-26.

[47] RAVI KANTH K, DEEPTHI K. An experimental study on stabilization of loose soil by using jute fiber [J]. Journal of Trend in Scientific Research and Development, 2019, 3 (5): 211-

223.

[48] 钱叶琳, 王洁, 吕卫柯, 等. 黄麻纤维加筋土的强度特性及增强机理研究 [J]. 河北工程大学学报 (自然科学版), 2016, 33 (2): 19-24.

[49] 冯冲凌. 黄孢原毛平革菌及其关键功能酶对木质纤维素降解转化特性的研究 [D]. 长沙: 湖南大学, 2011.

[50] PADHIAR A, ALBERT, NAGADESI P K, et al. Lignin degradation by *Flavodon flavus* (Klotzsch.) Ryv. and *Schizophyllum commune* Fr. on *Mangifera indica* and *Syzygium cumini* woods [J]. Journal of Wood Chemistry and Technology, 2010, 30 (2): 129-139.

[51] 叶浩. 复合改良膨胀土在干湿循环作用下工程性质及微观机理试验研究 [D]. 合肥: 合肥工业大学, 2019.

[52] 操子明. 改良膨胀土静动态力学特性及微观结构的试验研究 [D]. 淮南: 安徽理工大学, 2019.

[53] 王哲熙. 黄泛区粉砂土改良及微观结构参数变化规律研究 [D]. 郑州: 河南大学, 2020.

[54] 李宝宝. 黄泛区粉砂土改良弱膨胀土微观研究的试验分析 [D]. 郑州: 河南大学, 2020.

[55] 李小冰. 微生物改良膨胀土的微观结构和力学特性研究 [D]. 长沙: 中南林业科技大学, 2021.

[56] 戴道文. 人工冻结水泥改良土强度特征及微观结构研究 [D]. 南昌: 东华理工大学, 2021.

[57] JHA A K, SIVAPULLAIAH P V. Physical and strength development in lime treated gypseous soil with fly ash—Micro-analyses [J]. Applied Clay Science, 2017, 145 (sep.): 17-27.

[58] JHA A K, SIVAPULLAIAH P V. Potential of fly ash to suppress the susceptible behavior of lime-treated gypseous soil [J]. Soils and Foundations, 2018, 58 (3): 654-665.

[59] MA Q Y, CAO Z M, YUAN P. Experimental research on microstructure and physical-mechanical properties of expansive soil stabilized with fly ash, sand, and basalt fiber [J]. Advances in Materials Science and Engineering, 2018, 2018: 1-13.

[60] 常锦, 杨和平, 肖杰, 等. 酸性环境对百色膨胀土胀缩性能的影响及其微观解释 [J]. 交通运输工程学报, 2019, 19 (1): 24-32.

[61] 蒋明镜, 李志远, 黄贺鹏, 等. 南海软土微观结构与力学特性试验研究 [J]. 岩土工程学报, 2017, 39 (S2): 17-20.

[62] 周琳, 姜屏, 张伟清, 等. 聚丙烯纤维改性石灰土的力学特性及微观机理 [J]. 三峡大学学报 (自然科学版), 2021, 43 (4): 50-55.

[63] 张涛, 蔡国军, 刘松玉, 等. 工业副产品木质素改良路基粉土的微观机制研究 [J]. 岩

土力学，2016，37（6）：1665-1672.

[64] 张涛. 基于工业副产品木质素的粉土固化改良技术与工程应用研究［D］. 南京：东南大学，2015.

[65] KONG L W, WANG M, GUO A G, et al. Effect of drying environment on engineering properties of an expansive soil and its microstructure［J］. Journal of Mountain Science，2017，14（6）：1194-1201.

[66] KUN-RONG Y E, CUI K R. Study on the relation between microstructure of expansive soil and its engineering property，Anhui［J］. Geology of Anhui，2011.

[67] 邵光辉，尤婷，赵志峰，等. 微生物注浆固化粉土的微观结构与作用机理［J］. 南京林业大学学报（自然科学版），2017，41（2）：129-135.

[68] 江强强，刘路路，焦玉勇，等. 干湿循环下滑带土强度特性与微观结构试验研究［J］. 岩土力学，2019，40（3）：1005-1012.

[69] 张亭亭，李江山，王平，等. 磷酸镁水泥固化铅污染土的力学特性试验研究及微观机制［J］. 岩土力学，2016，37（S2）：279-286.

[70] SHARMA A K, SIVAPULLAIAH P V. Ground granulated blast furnace slag amended fly ash as an expansive soil stabilizer［J］. Soils and Foundations，2016，56（2）：205-212.

[71] 郭利杨，徐世法，柴林林，等. 新型木质素纤维及抗车辙剂对 SMA 沥青混合料的性能影响评价［J］. 公路，2017，62（3）：224-228.

[72] 唐芳. 木质素纤维与橡胶沥青复合改性高 RAP 掺量温拌再生混合料路用性能与耐久性研究［J］. 公路，2017，62（10）：201-207.

[73] YUE Y C, ABDELSALAM M, KHATER A, et al. A comparative life cycle assessment of asphalt mixtures modified with a novel composite of diatomite powder and lignin fiber［J］. Construction and Building Materials，2022，323：1-13.

[74] ROSITZA B, NELI G, LUBOV Y, et al. Biob leaching of flax fibers by degradation of lignin with *Phanerochaete chrysosporium* and *Trichosporon cutaneum R57*［J］. Journal of Natural Fibers，2008，4（4）：35-39.

[75] 樊科伟，严俊，刘苓杰，等. 木质素纤维改性季冻区膨胀土强度特性与微观结构研究［J］. 中南大学学报（自然科学版），2022，53（1）：326-334.

[76] 陈诚，郭伟，任宇晓. 冻融循环条件下木质素纤维改良土性质研究及微观分析［J］. 岩土工程学报，2020，42（S2）：135-140.

[77] 林罗斌. 木质素纤维-粉煤灰改良土三轴实验研究［D］. 北京：北京交通大学，2016.

[78] 董吉，陈筠，邬忠虎，等. 木质素纤维红黏土强度及变形特性试验研究［J］. 地质力学学报，2019，25（3）：421-427.

[79] 董吉. 木质素纤维对贵阳红黏土物理力学性质影响的试验研究［D］. 贵阳：贵州大学，

2019.

[80] 中华人民共和国建设部，中华人民共和国国家质量监督检疫总局．土的工程分类标准：GB/T 50145—2007［S］．北京：中国计划出版社，2008.

[81] 潘耀森．综合利用石灰和聚苯乙烯（EPS）颗粒改良膨胀土的试验研究［D］．南昌：东华理工大学，2021.

[82] 谭晓慧，沈梦芬，张强，等．用激光粒度仪进行粘土的颗粒分析［J］．土木建筑与环境工程，2011，33（6）：96-100.

[83] 李广信．高等土力学［M］．2 版．北京：清华大学出版社，2016：288-368.

[84] 中华人民共和国水利部．土工试验方法标准：GB/T 50123—2019［S］．北京：中国计划出版社，2019.

[85] 中华人民共和国水利部．土工试验规程：SL 237—1999［S］．北京：中国计划出版社，1999.

[86] 戴仁辉．轮胎颗粒压实稳定土（CSSRC）的力学性能研究［D］．南昌：东华理工大学，2020.

[87] 王静．季冻区路基土冻融循环后力学特性研究及微观机理分析［D］．长春：吉林大学，2012.